21世纪高等职业教育计算机技术规划教材

计算机应用基础教程
（Windows 7+Office 2010）

Computer Application Foundation

刘珍 林海菁 汪婧 主编
鲁捷 黄爱梅 喻瑷 副主编
付金谋 主审

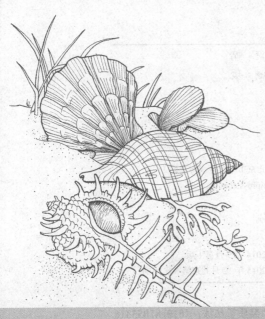

人民邮电出版社

北　京

图书在版编目（CIP）数据

计算机应用基础教程：Windows 7+Office2010 / 刘珍，林海菁，汪婧主编. -- 北京：人民邮电出版社，2014.9（2015.12 重印）
21世纪高等职业教育计算机技术规划教材
ISBN 978-7-115-36232-2

Ⅰ．①计… Ⅱ．①刘… ②林… ③汪… Ⅲ．①Windows操作系统－高等职业教育－教材②办公自动化－应用软件－高等职业教育－教材 Ⅳ．①TP316.7②TP317.1

中国版本图书馆CIP数据核字(2014)第206353号

内 容 提 要

本书以教育部制定的《全国高职高专计算机基础课程教学基本要求》和教育部考试中心最新《全国计算机等级考试大纲（一级）》为指导，结合高职高专院校计算机基础课程改革的最新动向和当前计算机技术发展的最新成果编写而成。

本书采用项目导向、任务驱动的方式组织编写，主要内容包括计算机基础知识、应用 Windows 7 系统、Internet 应用、使用 Word 2010、使用 Excel 2010、使用 PowerPoint 2010 等知识，并且将知识和技能融入六个项目中。每个项目分解成若干个任务，每个任务又分成"相关知识"和"任务实施"两个部分，与实际应用相联系。

本书适合高职高专学校学生使用，也可供参加全国计算机等级考试（一级）的考生作为自学参考书或各类计算机应用基础培训教材使用，以及计算机初学者的自学用书。

◆ 主　　编　刘　珍　林海菁　汪　婧
　　副 主 编　鲁　捷　黄爱梅　喻　瑗
　　主　　审　付金谋
　　责任编辑　吴宏伟
　　执行编辑　喻智文
　　责任印制　张佳莹　杨林杰

◆ 人民邮电出版社出版发行　　北京市丰台区成寿寺路 11 号
　　邮编　100164　电子邮件　315@ptpress.com.cn
　　网址　http://www.ptpress.com.cn
　　北京隆昌伟业印刷有限公司印刷

◆ 开本：787×1092　1/16
　　印张：14　　　　　　　　　　2014 年 9 月第 1 版
　　字数：383 千字　　　　　　　2015 年 12 月北京第 3 次印刷

定价：28.50 元

读者服务热线：(010)81055256　印装质量热线：(010)81055316
反盗版热线：(010)81055315

当今世界已进入到信息化的时代，计算机文化作为信息产业的主导，越来越体现出其重要性，应用计算机能够让人们在工作、学习中及时掌握和获得大量的信息。因此，随着社会的进步和计算机应用技术的快速发展，计算机应用领域不断扩大，计算机应用得到极大的普及和发展，日益在人们工作、学习和生活的各个方面发挥着越来越重要的作用。目前，计算机基础课程已成为高校各专业的必修公共课，是各学科发展的基石。

当前，计算机应用已经渗透到大学所有的学科和专业，作为当代大学生有必要在校期间将"计算机基础"这门课程学好，更好地将其应用于自己的专业学习与工作中。在学习计算机知识与技能的过程中，要从想到用，把它们用到自己的学习、工作和生活中，帮助自己思维、运筹、论证、决策，提高分析问题和解决问题的能力。

本书根据教育部制定的《全国高职高专计算机基础课程教学基本要求》和教育部考试中心最新《全国计算机等级考试大纲（一级）》，结合高职高专院校计算机基础课程改革的最新动向和当前计算机技术发展的最新成果编写而成。

本书面向计算机知识零起点的读者，内容丰富、广度和深度适当，技术新且实用，图文并茂，通俗易懂，讲解清楚，注重知识的基础性、系统性和全局性，兼顾前瞻性与引导性；语言精练，应用案例丰富，讲解内容深入浅出，体系完整，内容充实，注重实用性和实践性。

本书是学习计算机基础知识、掌握计算机基础操作技能的入门教材。全书采用项目导向、任务驱动的方式组织编写，主要内容包括计算机基础知识、应用 Windows 7 系统、Internet 应用、使用 Word 2010、使用 Excel 2010、使用 PowerPoint 2010 等知识，并且将知识和技能融入六个项目中。每个项目分解成若干个任务，每个任务又分成"相关知识"和"任务实施"两个部分，与实际应用相联系；贯彻够用和实用原则，注重实用性和技能操作，提供丰富的实例，详细讲述具体操作步骤，注重对操作技能的讲授和训练，使读者在学习理论知识的同时能进行实际技能的训练，旨在提高学生的动手操作能力和获得计算机等级考试证书的能力。

本书适合高职高专学校学生使用，也可供参加全国计算机等级考试（一级）的考生作为自学参考书或各类计算机应用基础培训教材使用，以及计算机初学者的自学用书。

参与本书编写的人员都是多年从事计算机基础教学的一线专职教师，具有丰富的理论和教学经验，书中很多内容都是教学实践经验的总结；他们对计算机初学者的思维习惯和特点有深刻的了解和研究，对计算机等级考试的应试方法也摸索出了一套行之有效的规律，对应考者将起到事半功倍的效果。

由于信息技术发展较快，本书涉及的新内容较多，加之作者水平有限，时间仓促，书中难免有错误与不妥之处，恳请广大读者批评指正！

编　者

2014 年 7 月

CONTENTS 目录

项目一 1 计算机基础知识

项目引入

计算机已成为人们日常工作和学习、生活必不可少的工具。了解计算机的一些基础知识，包括计算机发展和应用领域、计算机系统组成、计算机中数制和字符编码等，对计算机形成一个总体上的认识，可以帮助我们正确、熟练地使用、维护计算机。

学习目标

- 了解计算机发展、类型
- 了解计算机应用领域
- 了解计算机系统组成
- 了解计算机数据的表示
- 了解计算机病毒知识
- 了解多媒体技术
- 了解计算机网络基础知识

任务一  计算机基础

相关知识

一、计算机发展

1. 计算机发展阶段

1946 年 2 月 14 日，世界上第一台电子数字计算机"埃尼阿克"（ENIAC）在美国宾夕法尼亚大学研制成功（如图 1-1 所示），标志着人类从此进入电子计算机时代。

图 1-1 第一台电子数字计算机 ENIAC

从第一台电子计算机的诞生到现在，计算机的发展经历了电子管、晶体管、集成电路和大规模集成电路四个时代，见表 1-1。

表 1-1　　　　　　　　　　　　　　计算机发展历史

时代划分	起止年代	主要元件	主要元件图例	速度（次/秒）	主要特征与应用领域
第一代	1946～1958	电子管		5千～1万	体积巨大、耗电量大，运算速度较低，采用磁鼓、小磁芯作为存储器，存储容量小，使用机器语言和汇编语言，主要用来科学计算
第二代	1958～1964	晶体管		几万～几十万	体积小、重量轻、发热少、耗电省、寿命长、功能强、价格低，运算速度快，出现算法语言和操作系统，不仅用于科学计算，还用于数据处理和实物管理，并逐渐用于工业控制
第三代	1964～1970	集成电路		几十万～几百万	体积功耗进一步减少，可靠性及速度进一步提高，软件技术和计算机外围设备发展迅速，应用领域进一步拓展到文字处理、企业管理、自动控制、城市交通管理方面
第四代	1970至今	大规模、超大规模集成电路		几千万～千百亿	性能大幅度提高，价格大幅度下降，多机并行处理与网络化，实现自动化，并向工程化和智能化迈进，广泛应用于社会生活的各个领域。在办公室自动化、电子编辑排版、数据库管理、图像识别、语音识别、专家系统等领域大显身手

2．计算机类型

从计算机的类型、运行、构成器件、操作原理、应用状况等方面划分，计算机有多种分类。

（1）按照原理分类

- 数字机：速度快、精度高、自动化、通用性强。
- 模拟机：用模拟量作为运算量，速度快、精度差。
- 混合机：集中前两者优点，避免其缺点，处于发展阶段。

（2）按照用途分类

- 专用机：针对性强、特定服务、专门设计。
- 通用机：用于科学计算、数据处理、过程控制，解决各类问题。

（3）按照性能指标分类

- 巨型机：速度快、容量大。
- 大型机：速度快，应用于军事技术和科研领域。
- 小型机：结构简单、造价低、性价比突出。
- 微型机：体积小、重量轻、价格低。一般工作中使用的计算机都为微型计算机。

从普通用户日常使用角度来说，一般分为台式机、笔记本、一体机、平板电脑，如图 1-2 所示。

台式机　　　　　　笔记本　　　　　　一体机　　　　　　平板电脑

图 1-2　微型计算机

二、计算机的应用领域

计算机的高速发展全面促进了计算机的应用。在当今信息社会中，计算机的应用极其广泛，已遍及经济、政治、军事及社会生活的各个领域。计算机的具体应用可以归纳为以下几个方面。

1．科学计算

科学计算又称为数值计算，是计算机最早的应用领域。同人工计算相比，计算机不仅速度快，而且精度高。利用计算机的高速运算和大容量存储的能力，可完成一般计算工具或人力难以完成的各种数值计算。如气象预报中要用求解微分方程来描述大气运动的规律。用高性能的计算机系统，取得10天的预报数据只需要计算几分钟，这使得中、长期天气预报成为可能。

2．数据处理

数据处理又称为信息处理，是指在计算机上管理、加工各种数据资料，从而使人们获得更多有用信息的过程。从数据的收集、存储、整理到检索统计，应用的范围日益扩大。数据处理很快就超过了科学计算，成为最广泛的计算机应用领域。如企业管理、物资管理、报表统计、账目计算和信息情报检索等都是数据处理。

3．自动控制

自动控制也称为过程控制或实时控制，是指用计算机作为控制部件对生产设备或整个生产过程进行控制。它不需要人工干预，能够按人预定的目标和状态进行过程控制。如无人机。

4．计算机辅助功能

计算机辅助功能是指能够部分或全部代替人完成各项工作的计算机应用系统，目前主要包括计算机辅助设计、计算机辅助制造、计算机辅助测试和计算机辅助教学。

（1）计算机辅助设计（Computer Aided Design，CAD）。CAD可以帮助设计人员进行工程或产品的设计工作，采用CAD能够提高工作的自动化程度，缩短设计周期，并达到最佳的设计效果。目前，CAD技术广泛应用于机械、电子、航空、船舶、汽车、纺织、服装、化工、建筑等行业，已成为现代计算机应用中最活跃的领域之一。

（2）计算机辅助制造（Computer Aided Manufacturing，CAM）。CAM是指用计算机来管理、计划和控制加工设备的操作。采用CAM技术可以提高产品质量、缩短生产周期、提高生产率、降低劳动强度，并改善生产人员的工作条件。

计算机辅助设计和计算机辅助制造结合产生了CAD/CAM一体化生产系统，再进一步发展，则形成计算机集成制造系统（Computer Integrated Manufacturing System，CIMS），CIMS是制造业的未来。

（3）计算机辅助测试（Computer Aided Test，CAT）。CAT是指利用计算机协助对学生的学习效果进行测试和学习能力估量。一般分为脱机测试和联机测试两种方法。

（4）计算机辅助教学（Computer Aided Instruction，CAI）。CAI是指利用计算机来辅助教学工作。CAI改变了传统的教学模式，它使用计算机作为教学工具，把教学内容编制成教学软件——课件。学习者可根据自己的需要和爱好选择不同的内容，在计算机的帮助下学习，实现教学内容的多样化和形象化。

5．人工智能

人工智能（Artificial Intelligence）简称AI，是指用计算机来模拟人的智能，代替人的部分脑力劳动。人工智能既是计算机当前的重要应用领域，也是今后计算机发展的主要方向。

6．多媒体应用

多媒体（Multiomedia）是文本、动画、图形、图像、音频和视频等各种媒体的组合物。多媒体技术被广泛用于各行各业及家庭娱乐等。

7．网络应用

网络应用是计算机技术与通信技术结合的产物，计算机网络技术的发展将处在不同地域的计算机用通信线路连接起来，配以相应的软件，达到资源共享和信息传递的目的。网络应用是当前及今后计算机应用的主要方向。

计算机系统组成

相关知识

一、计算机系统

计算机系统是由硬件系统与软件系统两大部分组成。

- 硬件是指实际的物理设备，如图 1-3 所示，包括计算机的主机和外部设备。
- 软件是指实现算法的程序和相关文档，包括计算机运行所需的系统软件和用户完成特定任务所需的应用软件。

计算机硬件和软件相辅相成，缺一不可。硬件是计算机系统工作的物理实体，是基础；软件控制硬件的运行，发挥硬件的功能（如图 1-4 所示）。有了这两者，计算机才能正常地开机与运行。没有软件的计算机被称为"裸机"。

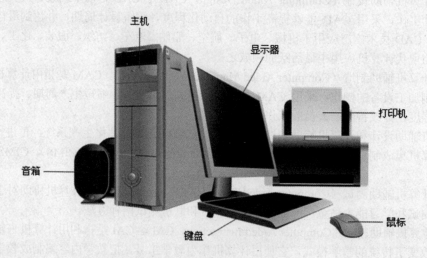

图 1-3　组装好的计算机

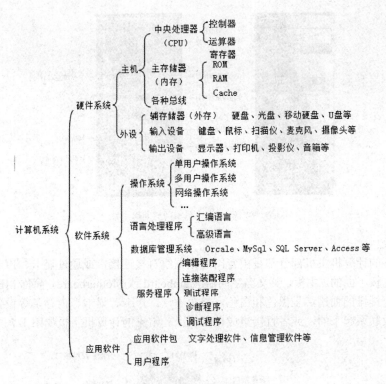

图 1-4 计算机系统的组成

二、计算机硬件系统

计算机硬件系统由运算器、控制器、存储器、输入设备和输出设备 5 大基本部件组成。计算机的组成框架如图 1-5 所示。

计算机硬件系统分为主机和外部设备两部分。

1. 计算机主机

主机是计算机硬件系统的核心。在主机的内部包含主板、CPU、内存、显卡、电源、硬盘、光驱等部件，它们共同决定了计算机的性能。

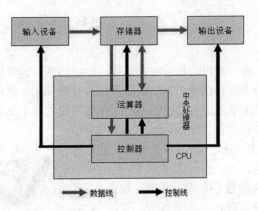

图 1-5 计算机组成框架

在主机箱的前后面板上通常会配置一些设备接口、按键和指示灯等，如图 1-6 所示。

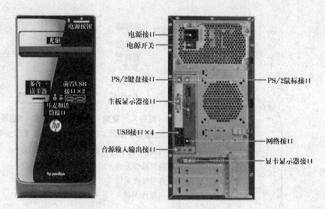

图 1-6   主机箱前后面板

（1）主板

以上所有的计算机主机部分都是由专门的数据线直接连接，或通过显卡、声卡、网卡等设备间接连接在主板上面的。主板，英文名字叫做 Mainboard 或 Motherboard，简称 MB。在它的身上，最显眼的是一排排的插槽，呈黑色和白色，长短不一。声卡、显卡、内存条等设备就是插在这些插槽里与主板联系起来的，或者直接集成在主板上。常见的计算机主板如图 1-7 所示。

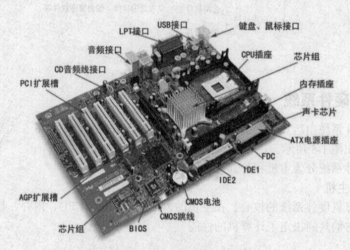

图 1-7   常见的主板

（2）中央处理器

中央处理器（CPU）是计算机的核心控制部分，由控制器、运算器和寄存器组成，其主要任务是取出指令、解释指令并执行指令，主要性能指标是时钟频率（主频）和字长。

当系统运行时，由控制器发出各种控制信号，指挥系统的各个部分有条不紊地协调工作。

运算器又称为算术逻辑部件（Arithmetic Logic Unit，ALU），在计算机中执行加、减、乘、除算术运算，以及与、非、或、移位等逻辑运算。

寄存器是处理器内部的暂存单元，用来存放正在进行解释的指令或正在运算的数据。

CPU 的外观如图 1-8 所示。

（3）存储器

图 1-8   常见的 CPU

存储器是计算机中"记忆"、存储程序和数据的部件，分为内存储器（主存储器）和外存储器（辅助存储器），主要性能指标是存储容量、存储速度。

内存储器用来存放正在运行的程序和数据，是 CPU 直接读取信息的地方。计算机在执行程序时，首先要把程序与数据调入内存，才能由 CPU 处理。内存储器存取数据的速度快，但容量小。包括随机存储器（RAM）、只读存储器（ROM）和高速缓冲存储器（Cache）。

① RAM 是随机存储器，可读可写，当机器电源关闭时，存于其中的数据就会丢失，一般用来存放用户的程序和数据。

② ROM 是只读存储器，只能读出，不能写入。信息一旦写入其内，数据不会因机器掉电丢失而永久保存。一般用来存放系统程序和数据。

③ 因为 CPU 读写 RAM 的时间需要等待，为了减少等待时间，在 RAM 和 CPU 间需要设置高速缓存 Cache，断电后其内容丢失。

常见的计算机内存如图 1-9 所示。

外部存储器是存放程序和数据的"仓库"，可以长时间地保存大量信息。外存与内存相比容量要大得多，但外存的访问速度远比内存要慢。

图 1-9 常见的内存

计算机内外存储器的容量是用字节（B）来计算和表示的，除 B 外，还常用 KB、MB、GB、TB 作为存储容量的单位。其换算关系如下。

- KB（千字节）　　　　1KB=1024B
- MB（兆字节）　　　　1MB=1024KB
- GB（吉字节）　　　　1GB=1024MB
- TB（太字节）　　　　1TB=1024GB

此外，存储容量的最小单位为位（bit），1B=8bit。

（4）总线

为了实现 CPU、存储器和外部设备的连接，计算机系统采用了总结结构，用于在多个数字部件间传送信号。总线由控制总线、地址总线、数据总线组成，主要性能指标是总线宽度和传送速率。

- 控制总线：用来传送控制器的各种控制信号，双向总线。
- 地址总线：用来传送存储单元或输入输出接口的地址信息。
- 数据总线：用于在 CPU 与内存或输入输出接口间传送数据，双向总线。

2．计算机外部设备

（1）外存储器

外存储器包括硬盘、光盘、U 盘、移动硬盘等，分别为固定存储设备和移动存储设备。

硬盘是计算机最主要的外存设备，固定在主机箱内的驱动器之中。它的存储量大，读写速度相对较快。即说，通常所说的硬盘实际上是硬盘和硬盘驱动器的结合体。

光盘是外存中对硬盘的补充，用来存储需备份或移动的数据。常见的光盘分为 CD 和 DVD 两种类型或者分为只读光盘和刻录光盘。光盘内数据的读写需通光盘驱动器（简称光驱）进行，大多数计算机都配备有光驱。

U 盘也称闪盘，接口是 USB，使用时无需外接电源，且可在计算机开机状态下进行热插拔和快速读写数据，方便在不同的计算机间数据传输，可移动存储。

移动硬盘具有存储容量大的优点，并且具有可热插拔的 USB 等数据连接接口，可移动存储。

常见计算机外部设备如图 1-10 所示。

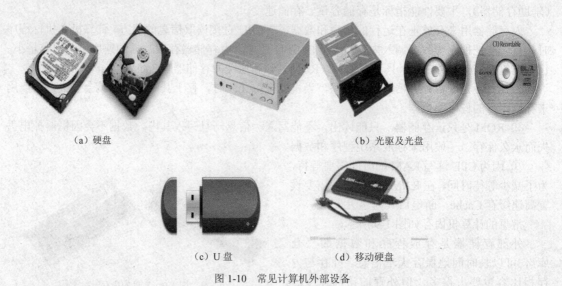

（a）硬盘 　　　　　　　　　　　　　　　　　　　（b）光驱及光盘

（c）U 盘 　　　　　　　　　（d）移动硬盘

图 1-10 常见计算机外部设备

（2）输入设备

输入设备接收用户输入的数据（含多媒体数据）、程序或命令，然后将它们经设备接口传送到计算机的存储器中。常见的输入设备有键盘、鼠标、扫描仪和声音、图像识别设备等。

常见的输入设备如图 1-11 所示。

（a）键盘 　　　　　　（b）扫描仪 　　　　　　（c）摄像头 　　　　　　（d）麦克

图 1-11 常见的输入设备

（3）输出设备

输出设备将程序运行结果或存储器中的信息传送到计算机外部，提供给用户。常见的输出设备有显示器、打印机、音频输出设备和绘图仪等。常见的输出设备如图 1-12 所示。

（a）显示器 　　　　　　（b）打印机 　　　　　　　　　　　（c）耳机和音箱

图 1-12 常见的输出设备

三、计算机软件系统

计算机软件指在硬件设备上运行的各种程序、数据以及有关的资料。包括系统软件和应用软件两大部分。操作系统就是典型的系统软件，应用软件必须在操作系统之上才能运行。

1. 系统软件

系统软件是指管理、监控和维护计算机资源（包括硬件和软件）的软件。常见的系统软件有操作系统、语言处理程序以及各种工具软件、数据库管理系统等。

（1）操作系统

操作系统是现代计算机必须配备的系统软件。它是计算机正常运行的指挥中心，是用户和计算机之间的接口，是最基本的系统软件，是所有系统软件的核心，也是其他系统软件和应用软件能够在计算机上运行的基础。它能控制和有效管理计算机系统的所有软硬件资源，能合理组织整个计算机的工作流程，为用户提供高效、方便、灵活的使用环境。

它有 6 个组成部分：进程管理、存储管理、设备管理、文件管理、程序接口和用户界面。

它包括五大管理功能：处理机管理、存储管理、设备管理、文件管理、作业管理。

操作系统除了 Microsoft 公司出品的 Windows 以外，常见的还有 DOS、Linux、Unix 和 Mac OS、OS/2 操作系统等。本书中所涉及的、重点讲解的操作系统软件为 Microsoft Windows 7，如图 1-13 所示。

① 按用户数目进行分类，操作系统可分为单用户操作系统和多用户操作系统。

② 按使用环境分类，操作系统可分为批处理操作系统、分时操作系统和实时操作系统。

③ 按硬件结构分类，操作系统可分为网络操作系统、分布式操作系统和多媒体操作系统。

图 1-13 Windows 7 启动画面

（2）语言处理程序

① 程序设计语言

程序设计语言就是用户用来编写程序的语言，它是人与计算机之间交换信息的工具。一般可分为机器语言、汇编语言和高级语言 3 类。

• 机器语言。机器语言是一种用二进制代码"0"和"1"形式表示的，能被计算机直接识别和执行的语言。因此，机器语言的执行速度快，但它的二进制代码会随 CPU 型号的不同而不同，且不便于人们的记忆、阅读和书写，所以通常不用机器语言编写程序。

• 汇编语言。汇编语言是一种使用助记符表示的面向机器的程序设计语言。每条汇编语言的指令对应一条机器语言的代码，不同型号的计算机系统一般有不同的汇编语言。

由于计算机硬件只能识别机器指令，用助记符表示的汇编指令是不能执行的。所以要执行汇编语言编写的程序，必须先用一个程序将汇编语言翻译成机器语言程序，用于翻译的程序称为汇编程序。用汇编语言编写的程序称为源程序，翻译后得到的机器语言程序称为目标程序。

• 高级语言。机器语言和汇编语言都是面向机器的语言，一般称为低级语言。由于它们对机器的依赖性大，程序的通用性差，要求程序员必须了解计算机硬件的细节，因此它们只适合计算机专业人员。

为了解决上述问题，满足广大非专业人员的编程需求，高级语言应运而生。高级语言是一种比较接近自然语言（英语）和数学表达式的一种计算机程序设计语言，其与具体的计算机硬件无关，易于人们接受和掌握。常用的高级语言有 C 语言、VC、VB、Java 等。

但是，任何高级语言编写的程序都要翻译成机器语言程序后才能被计算机执行，与低级语言相比，用高级语言编写的程序的执行时间和效率要差一些。

② 语言处理程序

把程序设计语言翻译成计算机能够识别并正常运行的软件就是语言处理程序。

用高级语言编写的程序称为高级语言源程序，高级语言源程序也必须先翻译成机器语言目标程序后计算机才能识别和执行。高级语言翻译的执行方式有编译方式和解释方式两种。

- 编译方式是用相应语言的编译程序将源程序翻译成目标程序，再用连接程序将目标程序与函数库连接，最终成为可执行程序即在计算机上运行。

- 解释方式是通过相应的解释程序将源程序逐句翻译成机器指令，并且是每翻译一句就执行一句。解释程序不产生目标程序，执行过程中如果不出现错误，就一直进行到完毕，否则将在错误处停止执行。

（3）工具软件

工具软件有时又称为服务软件，它是开发和研制各种软件的工具。常见的工具软件有诊断程序、调试程序和编辑程序等。

（4）数据库管理系统

数据处理是计算机应用的重要方面，为了有效地利用、保存和管理大量数据，在 20 世纪 60 年代末人们开发出了数据库系统（Data Base System，DBS）。

一个完整的数据库系统是由数据库（DB）、数据库管理系统（Data Base Management System，DBMS）和用户应用程序 3 部分组成。其中数据库管理系统按照其管理数据库的组织方式分为 3 大类：关系型数据库、网络型数据库和层次型数据库。

目前，常用的数据库管理系统有 Access、SQL Server、MySQL、Orcale 等。

2．应用软件

应用软件是指除了系统软件之外的所有软件，它是用户利用计算机及其提供的系统软件为解决各种实际问题而编制的计算机程序。如办公软件 Office、图像处理软件 Photoshop、工程绘图软件 AutoCAD、杀毒软件 360、下载管理软件迅雷、压缩/解压缩软件 WinRAR、网络聊天软件 QQ 等。

常见的应用软件如下。

任务实施

拟选择适合自己需要的电脑机型

以购买一台笔记本电脑为例，结合自身的需要和经济预算，比较市场上在售品牌笔记本电脑的主流配置，选择适合自己的机型。

步骤 1：明确电脑的用途、经济预算。在购买笔记本时要根据自己的需要进行选择，不要过于追求性能强劲的机型，如果平时只是用来看电影、浏览网页，则主流价位的笔记本电脑完全能够满足需要。如果平时用来处理视频、音频、图片并且比较频繁，则要选择一款处理器强劲的笔记本电脑。

步骤 2：了解笔记本电脑市场行情，考虑笔记本品牌，有针对性地比较品牌产品主流配置，选择合适的机型（5 种左右）。

（1）CPU 的选择。主要看核心数跟线程数、主频、缓存。核心数跟线程数越多，在运行多任务时处理速度就快很多；在相同核心下，主频越高，运算速度越快；缓存级数越多，容量越大，CPU 与内存之间的读写速度越快。主要有 AMD 和 Intel 两款 CPU，基本必须选择 4 核的 CPU。

（2）显卡的选择。显卡尽量选择显存类型级别高的，一是利于超频；二是能更好的处理功耗和散热问题。显卡厂家有 AMD、华硕、蓝宝石、七彩虹、影驰。建议选择的显卡应是了解比较多的一个品牌内的明星系列的主流产品，在预算范围内购买一个显示核心最高级别，而且是高显存类型、低功耗、散热优秀的显卡。

（3）内存的选择。系统物理内存的容量对于一台机器的性能有着很大的影响，特别是运行一些大型程序和多窗口工作时，内存的容量就显得十分重要。内存的选择有 2G、4G、8G，以保证 Windows 7 及以上版本操作的流畅度。和 CPU 一样，内存也有自己的工作频率，内存主频越高在一定程度上代表着内存所能达到的速度越快，内存主频决定着该内存最高能在什么样的频率正常工作，目前最为主流的内存频率为 DDR2-1333 和 DDR3-1600。内存厂商主要有现代、胜创、金士顿、三星、Mushkin、金邦、Xtreme DDR 和 Crucial 等。对于日常使用电脑用户来说，购买 DDR3 4GB 内存完全够用；玩游戏则选择 8 GB。

（4）主板选择。依照支持 CPU 类型的不同，主板产品可以分为 AMD 和 Intel 两个平台，不同的平台决定了主板的不同用途。AMD 平台的性价比优势更加明显，非常受主流用户的青睐，适合普通用户日常应用。而 Intel 平台，则具备很高的稳定性，而且平台性能相对 AMD 而言也有明显的优势，比较适合游戏玩家或图形设计者，以及运算性能要求强劲的用户。也可以考虑选用合适的品牌，如华硕、精英、技嘉、微星和富士康。另外，判断一款主板的好坏，内存也是重要的考量。目前市场上有三类主板：一类是 DDR2 内存插槽的，一类是 DDR3 内存插槽的，最后就是同时提供了 DDR2 和 DDR3 内存插槽。考量到 DDR3 内存性能更好，所以推荐 DDR3 主板。

（5）硬盘的选择。速度、容量、安全性一直是衡量硬盘的最主要的三大因素。硬盘的种类分别有 HDD（机械硬盘）、SSHD（混合硬盘）、SSD（固态硬盘）。SSD 相对 HDD 速度快、热量低、价格高。硬盘品牌有希捷、西部数据、富士通。

任务三 使用计算机

相关知识

一、使用键盘

计算机中的大部分文字都是利用键盘输入的，同弹钢琴一样，快速、准确、有节奏地敲击计算机键盘上的每一个键，不但是一种技巧性很强的技能，同时也是每一个学习计算机的人应该掌握的基本功。

按功能划分，键盘总体上可分为 4 个大区，分别为功能键区、主键盘区、编辑控制键区和数字键区，如图 1-14 所示。

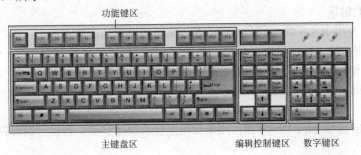

图 1-14 键盘分区

1．主键盘区

主键盘区是平时最为常用的键区，该键区包括数字键、字母键、常用运算符以及标点符号键，除此之外还有几个控制键。通过它，可实现各种文字和控制信息的录入。主键盘区的正中央有 8 个基本键，即左边的"A、S、D、F"键和右边的"J、K、L、；"键。其中，F、J 两个键上都有一个凸起的小横杠，以便于盲打时手指能通过触觉进行定位。

（1）字母键：共 26 个，可通过 Shift 键或 Caps Lock 键来改变大小写字母的输入。

（2）双字符键：即在同一个键上有上下两个符号，分别称为上档字符和下档字符。直接按键可输入下档字符，按住 Shift 键不放的同时按字符键可输入上档字符。

（3）大写字母锁定键 Caps Lock：该键是一个开关键，用来转换字母大小写状态。

- 若键盘右上角状态指示区 Caps Lock 指示灯亮起，则键盘处于大写字母锁定状态，按下字母键时输入大写字母；

- Caps Lock 指示灯熄灭，大写字母锁定状态取消，按下字母键时输入小写字母。

（4）上档键 Shift：上档键在主键盘区有两个，该键单独使用时不起作用，按住该键后再按字母键，可输入与当前字母大小写状态相反的字母，即原来的大写变小写，小写变大写。按住该键不放，同时按下双字符键可以输入上档字符。

（5）Enter 键：在文字编辑时使用该键，可将当前光标移至下一行首；在命令状态下使用，可使计算机执行某项指令。

（6）退格键 Back Space：在主键盘区右上角。每按一次该键，将删除当前光标左方的一个字符。

（7）制表键 Tab：用来将光标移动到下一个制表位。制表位的宽度一般为 8 个字符，也可以自己定义。

（8）控制键 Ctrl 和 Alt：一般与其他键配合以实现软件中定义的不同功能。

- 如在 DOS 下，同时按下 Ctrl+Alt+Del 组合键，可以重新启动计算机。

- 在 Windows 操作系统中，同时按下 Ctrl+Esc 组合键可以打开"开始"菜单。

- 在 Windows 操作系统中，同时按下 Alt+F4 组合键可以退出当前程序。

此外，Alt 键在很多软件中都有激活菜单的作用。

（9）空格键 Space：键盘下方最长的条形键。每按一次该键，将在当前光标的位置上产生一个空格字符。

（10）Windows 键：适用于 Windows 95 以上的操作系统，按下该键会出现 Windows 的"开始"菜单和任务栏。它也可以作为功能键，如同时按下该键与 E 键，可以打开"我的电脑"；按下该键与 D 键，可以显示桌面等。

（11）快捷菜单键：适用于 Windows 95 以上的操作系统，可代替右击的功能，按下该键可打开当前对象的快捷菜单。

2．编辑控制键区

编辑键区主要用于文字的编辑和打印控制，常用按键的功能如下。

（1）Insert 键：插入键，插入/改写状态转换键。

（2）Delete 键：删除键，用来删除当前光标位置上的字符。

（3）Home 键：该键可以使光标快速移动到行首。

（4）End 键：该键可以使光标快速移动到行尾。

（5）Page Up 键和 Page Down 键：用来实现光标的快速移动，每按一次可以使光标向前或向后移动一屏。

（6）←、↑、→、↓键：光标移动键，每按一次则使光标向箭头方向分别移动一格或一行。

（7）Print Screen 键：屏幕复制键，在打印机已联机的情况下，按下该键可以将计算机屏幕上显示的内容通过打印机输出。在 Windows 环境下，按下该键可以复制当前屏幕内容到剪贴板上；按下 Alt＋Print Screen 组合键，则复制当前窗口、对话框等对象到剪贴板。

（8）Scroll Lock 键：屏幕锁定键，按下该键屏幕停止滚动，直到再次按下该键为止。

（9）Pause Break 键：暂停/中断键，按下该键可以使计算机暂停运行正在执行的命令或应用程序，直到按下键盘上任意一个键为止。同时按下 Ctrl 键和 Break 键可以中断命令的执行或程序的运行。

3．功能键区

一般键盘上都有 F1～F12 这 12 个功能键，有的键盘可能有 14 个，它们最大的一个特点是直接按即可完成一定的功能，如 F1 键往往被设置为当前运行程序的帮助键。现在有些电脑厂商为了进一步方便用户，还设置了一些特定的功能键，如单键上网、收发电子邮件、播放 VCD 等。

4．数字键区

数字键区的键和主键盘区、编辑控制键区的某些键是重复的，主要是为了方便集中输入数据。因为主键盘区的数字键一字排开，大量输入数据很不方便，而数字键区的数字键是集中放置的，可以很好地解决这个问题。

 数字键区的数字只有在其上方的 Num Lock 指示灯亮时才能输入，这个指示灯是由 Num Lock 键控制的，当 Num Lock 指示灯不亮时，数字键区的作用变为对应的编辑键区的按键功能。

二、使用鼠标

1．认识鼠标

鼠标的标准名称为"鼠标器"，英文为 Mouse，如图 1-15 所示。是为适应图形操作界面、替代键盘繁琐指令而使用的一种输入设备，大大简化计算机的操作。鼠标一般有两键"主要键"（通常为左键）和"次要键"（通常为右键）。通常情况下将使用左键，大多数鼠标在按钮间还有一个"滚轮"，可以用作第三个键。

2．正确握住鼠标

如图 1-16 所示，手握得不要太紧，就像把手放在自己的膝盖上一样，使鼠标的后半部分恰好在掌下，食指和中指分别轻放在左右按键上，拇指和无名指轻夹两侧。

图 1-15　鼠标

图 1-16　鼠标握法

3．按住并移动鼠标

在鼠标垫上移动鼠标，会看到显示屏上的指针也在移动，指针移动的距离取决于鼠标移动的距离，这样我们就可以通过鼠标来控制显示屏上指针的位置。

如果鼠标已经移到鼠标垫的边缘，而指针仍没有达到预定的位置，只要拿起鼠标放回鼠标垫中心，再向预定住置的方向移动鼠标，这样反复移动即可达到目标，如图 1-17 所示。指针有会根据所指对象而改变，如图 1-18 所示。

图 1-17　鼠标按住并移动和光标

图 1-18　光标

鼠标的使用说明见表 1-2

表 1-2　　　　　　　　　　　　　　　　鼠标使用说明

操　　作	说　　明	主 要 作 用
指向	指针移动指向某个对象。在指向某对象时，经常会出现一个描述该对象的小框	指向要操作的对象。一般为打开菜单或突出显示
单击（一次单击）	也称左击，指针移动指向要操作的对象上，快速按一下鼠标左键再释放（松开鼠标左键）	激活窗口、选取对象、打开超链接等，或确定
双击	指针移动指向要操作的对象，快速按两次鼠标左键。如时间间隔过长，会认为是两次独立的单击	打开文件或文件夹，或启动程序、打开窗口
右击（右键单击）	指针移动指向要操作的对象上，并快速单击鼠标右键	打开快捷菜单
左键拖动	指针移动指向某个对象，按住鼠标左键不放并拖动，到达目标位置后释放鼠标左键	移动对象位置，或改变窗口大小，以及移动和复制对象等
右键拖动	指针移动指向某个对象，按住鼠标右键的同时并拖动鼠标，到达目标位置后释放鼠标右键	复制或移动对象等
拖动	也称拖曳或拖放，将指针移动指向桌面或程序窗口空白处（而不是对象上），然后按住鼠标左键不放并移动指针	选择一组对象
转动鼠标滚轮	上下转动鼠标中间的滚轮	上下浏览文档或网页内容，或在某些图像处理软件中改变显示比例

三、中文输入

1. 选用中文输入法

（1）使用键盘操作

"Ctrl+空格"组合键：在当前中文输入法与英文输入法之间切换。

提示

"Ctrl+空格"组合键表示同时按下 Ctrl 键和空格键。

（2）使用鼠标操作

① 单击"搜狗拼音"输入法提示图标 🅢，以选择相应输入法。

② 单击中/西文切换按钮 🅴🅽 。

2. 搜狗拼音中文输入法的使用

"搜狗拼音"输入法是一种广泛使用且易学易用的中文输入法，只要会拼音就能进行中文输入。

下面以"搜狗拼音"输入法为例来介绍中文输入法的使用。

（1）搜狗拼音输入法的状态栏

选用了搜狗拼音输入法后，屏幕右下方会出现一个"搜狗拼音"输入法的状态栏，如图 1-19 所示。

图 1-19 "搜狗拼音"输入法的状态栏

输入法状态栏表示当前的输入状态，可以通过单击对应的按钮来切换不同的状态，按钮对应的含义如下。

① 中英文切换按钮。用来表示当前是否是中文输入状态。单击该按钮，在弹出的快捷菜单中选择"英语"，按钮变为 EN，表示当前可进行英文输入；再单击该按钮一次，在弹出的快捷菜单中选择"中文"，按钮变为 CH，表示当前可进行中文输入。

② 全角/半角切换按钮。用于输入全角/半角字符，单击该按钮一次可进入全角字符输入状态，全角字符即中文的显示形式，再单击按钮一次即可回到半角字符状态。

③ 中英文标点切换按钮。表示当前输入的是中文标点还是英文标点。

④ 软键盘按钮。右击该按钮可显示多个不同的软键盘，不同的软键盘提供了不同的键盘符号，如图 1-20 所示。可以通过软键盘输入字符，还可以输入许多计算机键盘上不能输入的符号。再右击该按钮，回到计算机键盘。单击软键盘按钮，则打开、关闭计算机键盘。

⑤ 功能菜单。可以进行相关设置。

⑥ 输入法提示图标 S。单击该按钮，可以在弹出的快捷菜单中选择本机已安装的各种输入法。

（2）搜狗拼音输入法的使用方法

① 中文输入界面。"候选"窗口，提供选择的中文，用+和-（或 Page Up 和 Page Down，或 ◀ ▶ 按钮）可前后翻页，如图 1-21 所示。

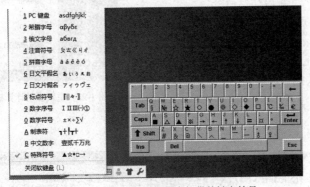

图 1-20 "特殊符号"软键盘提供的键盘符号

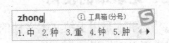

图 1-21 "搜狗拼音"输入法输入中文时的"候选"窗口

用 Esc 键可关闭"候选"窗口，取消当前输入。

② 大小写切换。在输入中文时，应将键盘处于小写状态，并且确保输入法状态框处于中文输入状态。在大写状态下不能输入中文，利用 Caps Lock 键可以切换到小写状态。

③ 全角/半角切换。全角/半角切换按钮或 Shift+空格组合键。

④ 中/英文标点切换。单击中/英文标点切换按钮或 Ctrl+•组合键。表 1-3 所示为中文标点对应的键位表。

表 1-3　　　　　　　　　　　中文标点对应的键位

中文标点	键位	说　明	中文标点	键位	说　明
。句号	.		）右括号	）	
，逗号	,		《单双书名号	<	自动嵌套
；分号	;		》单双书名号	>	自动嵌套
：冒号	:		……省略号	^	双符处理
？问号	?		——破折号	-	双符处理
！叹号	!		、顿号	\	
""双引号	"	自动配对	间隔号	@	
''单引号	'	自动配对	—联接号	&	
（左括号	(		¥人民币符号	$	

任务实施

一、开机

步骤 1：打开外部设备（如显示器、打印机等）的电源开关。

步骤 2：打开主机箱的电源开关（"Power"按钮）。

二、重新启动计算机

计算机在运行过程中，由于某种原因需要重新启动。重新启动计算机通常有 3 种方法。

（1）在 Windows 操作系统中，单击"开始"→"关机"右侧的按钮，打开如图 1-22 所示的菜单，选择"重新启动"命令。

（2）在前一种方法不行的情况下，可直接在主机箱上按下"Reset"复位按钮，让计算机重新启动。

（3）如果前两种方法都不行，不得已的情况下，直接按下主机箱上的"Power"按钮 4 秒以上，让计算机关闭，再如同第一次开机时一样，重新开机。

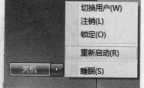

图 1-22　重新启动计算机

三、记事本的使用

记事本是用于纯文本文档的基本文本编辑器，它常用来查看或编辑文本文件（.txt）。记事本不能插入图片、不能排版，但占用内存少、使用起来方便快捷，适用于写便条、简单的备忘录等。

（1）启动"记事本"。单击"开始"→"所有程序"→"附件"→"记事本"命令，打开如图 1-23 所示的"记事本"界面。

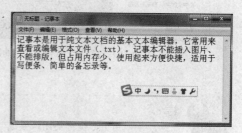

图 1-23　"记事本"窗口

（2）文档编辑和设置字体格式。切换输入法，输入文字，并设置文字格式，如图1-24所示。

（3）保存文档。单击菜单"文件"→"保存"或"另存为"命令，在弹出的对话框中下拉文档保存位置、输入文档名称"记事本"，单击"保存"按钮，如图1-25所示。

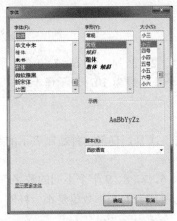

图1-24　设置"字体"对话框

图1-25　文档"保存"对话框

四、关机

关机的操作步骤如下。

（1）关闭所有程序。

（2）按"开始/关闭计算机/关闭"，关闭计算机。

（3）计算机显示关机完成，显示器黑屏后，关闭显示器电源。

任务四　计算机中数据表示、存储与处理

相关知识

一、数据单位

（1）位（Bit，比特）。是计算机存储数据的最小单位，计算机内部，数据都是以二进制形式存储和运算，一个二进制位只能表示"0"或"1"两种状态。一般以8位二进制组成一个基本单位。

（2）字节（Byte，简记为B）。是计算机数据处理的最基本单位，主要以字节为单位解释信息。规定一个字节为8位。一个英文字符用一个字节表示，一个汉字则用两个字节表示。

（3）字。一个字通常由一个或若干个字节组成。字是计算机进行数据处理时，一次存取、加工和传送的数据长度。字长是计算机一次所能处理信息的实际位数，决定计算机数据处理的速度，是衡量计算机性能的一个重要指标。

二、数制

按进位的原则进行计数称为进位计数制，简称"数制"。

（1）数码：一个数制中表示基本数值大小的不同数字符号。如八进制有8个数码：0～7。

（2）基数：数制中所需要的数字字符的总个数。如八进制的基数是 8，二进制的基数为 2。

（3）位权：处在不同位置上的数字所代表的值不同，一个数字在某个固定住置上所代表的值是确定的，这个固定住置上的值称为位权，简称权。如八进制的 123，1 的位权是 64，2 的位权是 8，3 的位权是 1。

1．数制的进位规则

（1）逢 N 进一

N 是某数制的基数。例如：人们日常生活中常用 0、1、2、3、4、5、6、7、8、9 等 10 个不同的符号来表示十进制数值，即数字字符的总个数有 10 个，基数为 10，表示逢十进一。二进制数，逢二进一，它由 0、1 两个数字符号组成，基数为 2。

（2）采用位权表示法

位权与基数的关系是：各进制中位权的值是基数的若干次幂，任何一种数制表示的数都可以写成按位权展开的多项式之和。

例如，习惯使用的十进制数，是由 0、1、2、3、4、5、6、7、8、9 十个不同的数字符号组成，基数为 10。每一个数字处于十进制数中不同的位置时，它所代表的实际数值是不一样的，这就是经常所说的个位、十位、百位、千位……的意思。

例如： 2009.7 可表示成：

$$2\times1000+0\times100+0\times10+9\times1+7\times0.1\quad=2\times10^3+0\times10^2+0\times10^1+9\times10^0+7\times10^{-1}$$

> 位权的值是基数的若干次幂，其排列方式是以小数点为界，整数自右向左 0 次幂、1 次幂、2 次幂，小数自左向右负 1 次幂、负 2 次幂、负 3 次幂，依此类推。

2．数制种类

所有信息在计算机中是使用二进制的形式来表示的，这是由计算机所使用的逻辑器件决定的。这种逻辑器件是具有两种状态的电路（触发器），其好处是运算简单，实现方便，成本低。二进制数只有 0 和 1 两个基本数字，它很容易在电路中利用器件的电平高低来表示。

计算机采用二进制数进行运算，可通过进制的转换将二进制数转换成人们熟悉的十进制数，在常用的转换中为了计算方便，还会用到八进制和十六进制的计数方法。

一般用"（ ）下标"的形式来表示不同进制的数。例如：十进制用（ ）$_{10}$ 表示，二进制数用（ ）$_2$ 表示。

也有在数字的后面，用特定字母表示该数的进制。不同字母代表不同的进制，具体如下：

B—二进制 D—十进制（D 可省略） O—八进制 H—十六进制

（1）十进制数

日常生活中人们普遍采用十进制，十进制的特点如下。

① 有 10 个数码：0，1，2，3，4，5，6，7，8，9。

② 以 10 为基数的计数体制。"逢十进一、借一当十"，利用 0 到 9 这 10 个数字来表示数据。

例如：$(169.6)_{10}=1\times10^2+6\times10^1+9\times10^0+6\times10^{-1}$。

（2）二进制数

计算机内部采用二进制数进行运算、存储和控制。二进制的特点如下。

① 只有两个不同的数字符号，即 0 和 1。

② 以 2 为基数的计数体制。"逢二进一、借一当二"，只利用 0 和 1 这两个数字来表示数据。

例如：$(1010.1)_2=1\times2^3+0\times2^2+1\times2^1+0\times2^0+1\times2^{-1}$

（3）八进制数

八进制数的特点如下。

① 有 8 个数码：0，1，2，3，4，5，6，7。

② 以 8 为基数的计数体制。"逢八进一、借一当八"，只利用 0 到 7 这 8 个数字来表示数据。

例如：$(133.3)_8=1\times8^2+3\times8^1+3\times8^0+3\times8^{-1}$

（4）十六进制数

十六进制数的特点如下。

① 有 16 个数码：0，1，2，3，4，5，6，7，8，9，A，B，C，D，E，F。

② 以 16 为基数的计数体制。"逢十六进一、借一当十六"，除利用 0 到 9 这 10 个数字之外还要用 A、B、C、D、E、F 代表 10、11、12、13、14、15 来表示数据。

例如：$(2A3.F)_{16}=2\times16^2+10\times16^1+3\times16^0+15\times16^{-1}$

计算机中采用二进制数，二进制数书写时位数较长，容易出错。所以常用八进制、十六进制来书写。表 1-4 为常用整数各数制间的对应关系。

表 1-4　　　　　　　　　　　　常用整数各数制间的对应关系

十进制	二进制	八进制	十六进制	十进制	二进制	八进制	十六进制
0	0000	0	0	8	1000	10	8
1	0001	1	1	9	1001	11	9
2	0010	2	2	10	1010	12	A
3	0011	3	3	11	1011	13	B
4	0100	4	4	12	1100	14	C
5	0101	5	5	13	1101	15	D
6	0110	6	6	14	1110	16	E
7	0111	7	7	15	1111	17	F

3．常用进制数之间的转换

关键掌握二进制与十进制间的转换方法。

（1）十进制数转换成其他进制数

分成整数转换和小数转换。

整数转换：除基数取余倒序排列。

小数转换：乘基数取整顺序排列

例如：将十进制 $(109.6875)_{10}$ 转换成二进制。

首先对整数部分进行转换。整数部分 $(109)_{10}$ 转换成二进制的方法如下：

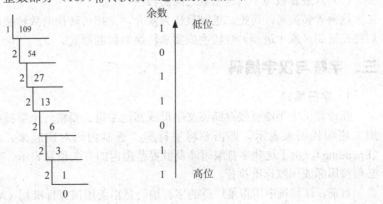

余数由下而上排列（倒序排列）得到：1101101，于是，$(109)_{10}=(1101101)_2$。

然后对小数部分进行转换。小数部分$(0.6875)_{10}$转换成二进制的方法如下：

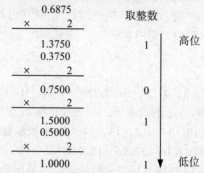

每次取得的整数由上而下排列（顺序排列）得到：1011，于是，$(0.6875)_{10}=(0.1011)_2$。

整数、小数两部分分别转换后，将得到的两部分合并即得到十进制$(109.6875)_{10}=$
$(1101101.1011)_2$。

（2）其他进制的数转换成十进制数

按权展开法，求出各位数字字符与它的权值（用十进制表示）（基数）I 的乘积并相加，I 表示幂指数。

例如：将二进制数$(1011.101)_2$转换成十进制数。

$(1011.101)_2=1\times2^3+0\times2^2+1\times2^1+1\times2^0+1\times2^{-1}+0\times2^{-2}+1\times2^{-3}=8+2+1+0.5+0.125=(11.625)_{10}$

八进制数（十六进制数）与十进制数之间的转换的方法与二进制数类似，唯一不同的是除数或乘数要换成相应的基数：8 或 16。

此外，十六进制数与十进制数之间转换时，要注意遇到 A、B、C、D、E、F 时要使用 10、11、12、13、14、15 来进行计算，反过来得到 10、11、12、13、14、15 数码时，也要用 A、B、C、D、E、F 来表示。

（3）二进制数与八进制数之间的转换

由于二进制数和八进制数之间存在的特殊关系，即$8=2^3$，因此转换方法比较容易。二进制数转换成八进制数时，只要从小数点位置开始，向左或向右每三位二进制划分为一组（不足三位用 0 补足），然后写出每一组二进制数所对应的八进制数码即可。

（4）二进制与十六进制之间的转换

二进制数转换成十六进制数时，只要从小数点位置开始，向左或向右每四位（$2^4=16$）二进制划分为一组（不足四位时可补 0），然后写出每一组二进制数所对应的十六进制数码即可。

（5）八进制数与十六进制数之间的转换

这两者转换时，可把二进制数作为媒介，先把待转换的数转换成二进制（或十进制）数，然后将二进制（或十进制）数转换成要求转换的数制形式。

三、字符与汉字编码

1．字符编码

在计算机中不能直接存储英文字母或其他字符。要将一个字符存放到计算机内存中，就必须用二进制代码来表示，即需要将字符和二进制内码对应起来，这种对应关系就是字符编码（Encoding）。由于这些字符编码涉及世界范围内的有关信息表示、交换、存储的基本问题，因此必须按国际或国家标准执行。

目前，计算机中用得最广泛的字符编码是由美国国家标准局（ANSI）制定的美国信息交换标准码（American Standard Code for Information Interchange，ASCII），它已被国际标准化组织（ISO）定为国际标准，有 7 位码和 8 位码两种形式。

7 位 ASCII 码一共可以表示 128 个字符，具体包括 10 个阿拉伯数字 0～9、52 个大小写英文字母、32 个标点符号和运算符以及 34 个控制符。其中，0～9 的 ASCII 码为 48～57，A～Z 为 65～90，a～z 为 97～122。

在计算机的存储单元中，一个 ASCII 码值占一个字节（8 个二进制位），其最高位（b7）用作奇偶校验位。

ASCII 码的字符编码表一共有 $2^4=16$ 行，$2^3=8$ 列。低 4 位编码 $b_3b_2b_1b_0$ 用做行编码，而高 3 位 $b_7b_6b_5$ 用做列编码，将高 3 位编码与低 4 位编码连在一起就是字符的 ASCII 码，见表 1-5。

表 1-5　　　　　　　　　　　　　ASCII 码的字符编码表

$b_6b_5b_4$ ＼ $b_3b_2b_1b_0$	000	001	010	011	100	101	110	111
0000	NUL	DLE	SP	0	@	P	`	p
0001	SOH	DC1	!	1	A	Q	a	q
0010	STX	DC2	"	2	B	R	b	r
0011	ETX	DC3	#	3	C	S	c	s
0100	EOT	DC4	$	4	D	T	d	t
0101	ENQ	NAK	%	5	E	U	e	u
0110	ACK	SYN	&	6	F	V	f	v
0111	BEL	ETB	'	7	G	W	g	w
1000	BS	CAN	(	8	H	X	h	x
1001	HT	EM	)	9	I	Y	i	y
1010	LF	SUB	*	:	J	Z	j	z
1011	VT	ESC	+	;	K	[	k	{
1100	FF	FS	,	<	L	\	l	|
1101	CR	GS	-	=	M	]	m	}
1110	SO	RS	.	>	N	^	n	~
1111	SI	US	/	?	O	_	o	DEL

2. 汉字编码

汉字编码是指将汉字转换成二进制代码的过程。一套汉字根据其计算机操作不同，一般应有四套编码：国标码（交换码）、机外码（输入码）、机内码和字形码。

（1）国标码

1980 年颁布的国家标准 GB2312-80，即《中华人民共和国国家标准信息交换汉字编码》，简称国标码。国标码中共收录一、二级汉字和图形符号 7445 个。其中，常用汉字 6763 个（其中一级汉字 3755 个，按拼音顺序排列；二级汉字 3008 个，按部首顺序），其他字母及图形符号（如序号、数字、罗马数字、英文字母、日文假名、俄文字母和汉语注音等）682 个。

国标码中的每个字符用两个字节表示，第一个字节为"区"，第二个字节为"位"，每个字节的最高位为"1"，共可以表示的字符（汉字）有 94 × 94 = 8836 个。为表示更多汉字以及少数民族文字，国家标准于 2000 年进行了扩充，共收录了 27000 多个汉字字符，采用单、双、四字节混合编码表示。

（2）机外码

机外码是指汉字通过键盘输入的汉字信息编码，即常说的汉字输入法。常用的输入法有五笔输入法、全拼输入法、双拼输入法、智能 ABC 输入法、紫光拼音输入法、微软拼音输入法、区位码、自然码等。

区位码与国标码完全对应，没有重码；其他输入法都有重码，通过数字选择。

（3）机内码

计算机内部存储、处理汉字所用的编码，通过汉字操作系统转换为机内码；每个汉字的机内码用 2 个字节表示，为与 ASCII 有所区别，通常将第二个字节的最高位置"1"，大约可表示 16000 多个汉字。尽管汉字的输入法不同，但机内码是一致的。

（4）字形码

字形码是表示汉字字形信息（汉字的结构、形状、笔画等）的编码。汉字经过字形编码才能够正确显示，一般采用点阵形式（又称字模码），每一个点用"1"或"0"表示，"1"表示有，"0"表示无；一个汉字可以有 16×16、24×24、32×32、128×128 等点阵表示；点阵越大，点数越多，汉字显示越清楚。

字形码所占内存比其机内码大得多，如：16×16 点阵汉字需要 16×16/8=32（字节），如图 1-26 所示。

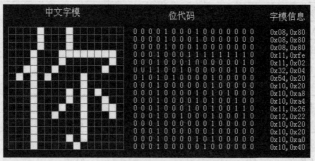

图 1-26　点阵形式

计算机在汉字处理的整个过程中都离不开汉字编码。输入汉字可以通过输入汉字的机外码（即各种输入法）来实现；存储汉字则是将各种汉字机外码统一转换成汉字机内码进行存储，以便于计算机内部对汉字进行处理；输出汉字则是利用汉字库将汉字机内码转换成对应的字形码，再输出至各种输出设备中。

机外码、机内码与字形码三者之间的关系如图 1-27 所示。

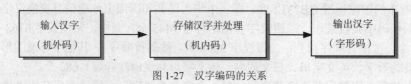

图 1-27　汉字编码的关系

任务实施

利用计算器，进行数制转换

步骤 1：单击"开始"→"所有程序"→"附件"→"计算器"命令，显示的计算器如图 1-28

所示。

步骤 2：单击"查看"→"程序员"命令（只做整数，小数舍弃），显示的计算器如图 1-29 所示。

图 1-28 "计算器"窗口

图 1-29 "程序员"模式

步骤 3：单击左下角的单选按钮"字节"，确定数据存储单位。

步骤 4：选择数制"十进制"，输入转换前的十进制数据 56。

步骤 5：选择数制"二进制"，得到转换后的二进制数据 00111000（高位补 0）。

步骤 6：选择数制"八进制"，得到转换后的八进制数据 70。

步骤 7：选择数制"十六进制"，得到转换后的十六进制数据 38。

十进制数据 56，转换二进制、八进制、十六进制的结果如图 1-30 所示。

（a）十进制数据 56　　　（b）二进制数据　　　（c）八进制数据　　　（d）十六进制数据

图 1-30 转换结果

任务五 多媒体知识

相关知识

一、多媒体技术概念

1．媒体

媒体有两种含义：

- 一是指传播信息的载体，如语言、文字、图像、视频、音频等；
- 二是指存储信息的载体，如 ROM、RAM、磁带、磁盘、光盘等，主要的载体有 CD-ROM、VCD、网页等。

多媒体技术中的媒体主要是指前者，就是利用电脑把文字、图形、影像、动画、声音及视频等媒体信息都数位化，并将其整合在一定的交互式界面上，使电脑具有交互展示不同媒体形态的能力。

2．多媒体技术

是指通过计算机对文字、数据、图形、图像、动画、声音等多种媒体信息进行综合处理和管理，使可以通过多种感官与计算机进行实时信息交互的技术，又称为计算机多媒体技术。

二、多媒体的基本特点

（1）信息载体的多样性。相对于计算机而言的，即指信息媒体的多样性。

（2）多媒体的交互性。是指可以与计算机的多种信息媒体进行交互操作从而为用户提供了更加有效地控制和使用信息的手段。

（3）集成性。是指以计算机为中心综合处理多种信息媒体，它包括信息媒体的集成和处理这些媒体的设备的集成。

（4）数字化。媒体以数字形式存在。

（5）实时性。声音、动态图像（视频）随时间变化。

三、多媒体的基本类型

（1）文本。文本是以文字和各种专用符号表达的信息形式，它是现实生活中使用得最多的一种信息存储和传递方式。用文本表达信息给人充分的想象空间，它主要用于对知识的描述性表示，如阐述概念、定义、原理和问题以及显示标题、菜单等内容。

（2）图像。图像是多媒体软件中最重要的信息表现形式之一，它是决定一个多媒体软件视觉效果的关键因素。

（3）动画。动画是利用人的视觉暂留特性，快速播放一系列连续运动变化的图形图像，也包括画面的缩放、旋转、变换、淡入淡出等特殊效果。通过动画可以把抽象的内容形象化，使许多难以理解的教学内容变迁生动有趣。合理使用动画可以达到事半功倍的效果。

（4）声音。声音是人们用来传递信息、交流感情最方便、最熟悉的方式之一。在多媒体课件中，按其表达形式，可将声音分为讲解、音乐和效果3类。

（5）视频。影像视频影像具有时序性与丰富的信息内涵，常用于交待事物的发展过程。视频非常类似于熟知的电影和电视，在多媒体中充当起重要的角色。

四、多媒体技术的应用

多媒体技术的应用领域十分广泛，它不仅覆盖了计算机的绝大部分应用领域，而且还拓宽了新的应用领域。目前多媒体技术的主要领域有：

1．游戏和娱乐

游戏与娱乐是多媒体技术应用的极为成功的一个领域。人们用计算机既能听音乐，看影视节目，又能参与游戏，与其中的角色联合或者对抗，从而使家庭文化生活进入一个更加美妙的境地。

2．教育与培训

多媒体技术为丰富多彩的教学方式又添了一种新的手段，它可以将文字、图表、声音、动画和视频等组合在一起构成辅助教学产品。这种图、文、声、像并茂的产品将大大提高学生的学习兴趣和接受能力，并且可以方便地进行交互式的指导和因材施教。

用于军事、体育、医学和驾驶等各方面培训的多媒体计算机，不仅可以使受训者在生动直观、逼真的场景中完成训练过程，而且能够设置各种复杂环境，提高受训人员对困难和突发事件的应付能力，还能极大地节约成本。

3．商业

多媒体技术在商业领域的应用十分广泛，例如利用多媒体技术的商品广告、产品展示和商业演讲等会使人有一种身临其境的感觉。

4．信息

利用 CD-ROM 和 DVD 等大容量的存储空间，与多媒体声像功能结合，可以提供大量的信息产品。例如百科全书、地理系统、旅游指南等电子工具，还有电子出版物、多媒体电子邮件、多媒体会议等都是多媒体在信息领域中的应用。

5．工程模拟

利用多媒体技术可以模拟机构的装配过程、建筑物的室内外效果等，这样借助于多媒体技术，人们就可以在计算机上观察到不存在或者不容易观察到的工程效果。

6．服务

多媒体计算机可以为家庭提供全方位的服务，例如家庭教师、家庭医生和家庭商场等。

多媒体正在迅速地以意想不到的方式进入生活的各个方面，正朝着智能化、网络化、立体化方向发展。

任务六　计算机病毒知识

相关知识

一、计算机病毒概念

计算机病毒是人为编制的一种计算机程序，能够在计算机系统中生存并通过自我复制进行传播，在一定条件下被激活发作，从而给计算机系统造成一定的破坏。

它的传播行为类似于生物病毒的"传染"，所以人们将这种程序称为"计算机病毒"。

二、计算机病毒的特点

（1）隐蔽性。病毒程序是一种短小精干的可存储、可执行的非法程序，它可以直接或间接地运行，附在可执行文件和数据文件中而不被察觉和发现。

（2）传染性。计算机病毒的再生机制是计算机病毒最本质的特征。病毒程序一旦进入系统，与系统中的程序连接，就会在运行这一被传染的程序后开始传染其他程序。在大型计算机网络中，计算机病毒可以很快在各个计算机之间进行传播；在微机系统中，计算机病毒也可以迅速在内存、硬盘之间进行传染。

（3）潜伏性。计算机病毒具有依附于其他媒体而寄生的能力。当计算机被病毒感染后，并不一定立即发作，可以在几周、几个月或更长时间内隐藏在合法文件之中，对系统进行传染而不被发现。

（4）激发性。计算机病毒的发作，一般是在某种特定的外界条件激发下，或者激活一个病毒的传染机制使之进行传染，或者激活计算机病毒的表现部分或破坏部分。

（5）破坏性。任何计算机病毒发作时，都会对计算机系统造成一定程度的破坏或影响，有些病毒对系统有极大的破坏作用。

（6）攻击的主动性。病毒对系统的攻击是主动的，是不以人的意志为转移的。即，计算机系统无论采取多么严密的保护措施都不可能彻底地排除病毒对系统的攻击，保护措施只是一种预防的手段而已。

（7）病毒的不可预见性。从病毒的检测方面来看，病毒还有不可预见性。病毒对反病毒软件永远都是超前的。

三、计算机病毒的分类

计算机病毒种类繁多，主要介绍按破坏程度和入侵途径对病毒的分类。

1．按破坏程度分类可分为如下种类

（1）良性病毒：指那些目的在于表现自己而不破坏系统数据导致系统瘫痪的病毒。此种病毒多数为恶作剧者的产物，一般只占用系统存储空间、降低系统运行速度、干扰屏幕显示等。

（2）恶性病毒：指那些目的在于破坏系统数据，删除文件或对硬盘格式化等，从而导致系统瘫痪的病毒。

2．按入侵途径分类可分为如下几类

（1）源码病毒：此种病毒在源程序编译之前插入到用高级语言 Fortran、Pascal、Cobol、C 等编写的源程序中，被感染程序经编译后运行时，病毒开始传播。

（2）入侵病毒：此种病毒是将自身侵入到现有程序之中，使之变成合法文件的一部分。通常很难删除此类病毒。

（3）操作系统病毒：此种病毒最常见，它侵入并改变操作系统的合法程序，可导致系统瘫痪；或侵入磁盘引导区，影响系统启动。

（4）外壳病毒：此种病毒将自己隐藏在主程序的周围，一般对原来程序不做修改。此种病毒容易编写，较为常见，也易于检测或被清除。

3．根据病毒的传染方式划分

（1）引导区型病毒：病毒通过攻击磁盘的引导扇区，从而达到控制整个系统的目的，如大麻病毒。

（2）文件型病毒：一般是感染扩展名为.exe、.com 等执行文件，如 CIH 病毒。

（3）网络型病毒：感染的对象不再局限于单一的模式和可执行文件，而是更加综合、隐蔽，如 Worm.Blaster 病毒。

（4）混合型病毒：同时具备了引导型病毒和文件型病毒的某些特点。

4．根据病毒激活的时间划分

根据病毒激活的时间，分为定时病毒和随机病毒。

四、计算机病毒的防治

计算机病毒主要通过移动存储设备（如移动硬盘、U 盘和光盘）、局域网和 Internet（如网页、邮件附件、网上下载的文件）等途径传播。因此，为了尽可能地避免感染计算机病毒，平时应坚持以预防为主，养成良好的使用计算机和上网习惯。

1．计算机感染病毒的清除方法

（1）软件方法。使用反病毒软件、杀毒软件进行查杀病毒，如 360 安全卫士、瑞星杀毒软件等。

（2）硬件方法。硬件方法是利用防病毒卡来清除和检查病毒。

2．计算机病毒的预防措施

（1）慎用移动存储设备或光盘。这类设备在计算机中读写前，须先进行病毒检测。

（2）不在网络中随意下载文件，以防感染病毒。

（3）安装操作系统补丁程序。及时下载相关补丁修复漏洞，防止病毒入侵。

（4）安装查杀毒软件，并定期对杀毒软件进行升级更新。

（5）经常用杀毒软件对系统进行病毒检测和清除杀毒。

（6）经常对系统和重要的数据进行备份。

（7）养成良好的上网习惯。不要打开来历不明的电子邮件附件，不要浏览来历不明的网页，不要从不知名的站点下载软件。在线聊天时，不要轻易接收别人发来的文件或网址。

任务实施

一、使用"360 安全卫士"

步骤 1：单击或双击屏幕右下角的"360 安全卫士" 。

步骤 2：单击"电脑体检"，进行漏洞和故障检测，进行"一键修复"，如图 1-31 所示。

（a）刚开始检查　　　　　　　　　　　　　　　　（b）检查完成

图 1-31　"360 安全卫士"的"电脑体检"

步骤 3：单击"木马查杀"，选择查杀模式，选择查杀范围，查杀木马病毒，如图 1-32 所示。

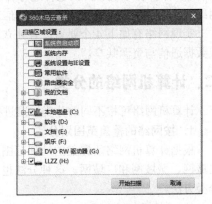

（a）单击"木马查杀"　　　　　　　　　　　　　（b）选择查杀范围

图 1-32　"360 安全卫士"的"木马查杀"

二、使用"360 杀毒"

步骤 1：单击屏幕右下角的"360 杀毒"

步骤 2：选择一种查杀模式查杀病毒，如图 1-33 所示。

（a）选择查杀模式

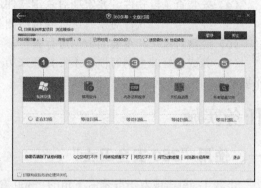

（b）查杀病毒

图 1-33　"360 杀毒"

任务七　计算机网络基础

相关知识

计算机网络是计算机技术和通信技术相结合的产物，计算机网络技术得到了飞速的发展和广泛的应用。

一、计算机网络的定义

计算机网络就是将分布在不同地点的多台独立计算机的系统通过通信线路和通信设备连接起来，由网络操作系统和协议软件进行管理，以实现数据通信与资源共享为目的的系统。简单来说，网络就是通过电缆、电话线或无线通信连接起来的计算机的集合。

实现网络有如下 4 个要素：有独立功能的计算机、通信线路和通信设备、网络软件支持、实现数据通信与资源共享。

二、计算机网络的分类

计算机网络可按不同的分类标准进行划分。

1．按网络的覆盖范围划分

根据计算机网络所覆盖的地理范围，计算机通常可以分为局域网、城域网和广域网。这种分法也是目前较为普遍的一种分类方法。

（1）局域网（Local Area Network，LAN）。LAN 一般在几百米到 10km 的范围之内，如一座办公大楼内、大学校园内、几座大楼之间等，局域网简单、灵活、组建方便，如图 1-34 所示。

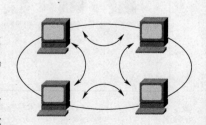

图 1-34　局域网

（2）城域网（Metropolitan Area Network，MAN）。MAN 的地理范围可以从几十千米到上百千米，通常覆盖一个城市或地区，如城市银行的通存通兑网。

（3）广域网（Wide Area Network，WAN）。WAN 是网络系统中最大型的网络，它是跨地域性的网络系统，大多数的 WAN 是通过各种网络互联而形成的，Internet 就是最典型的广域网。WAN 的连接距离可以是几百千米到几千千米或更多，如图 1-35 所示。

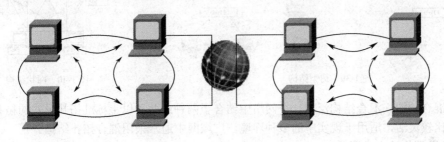

图 1-35　广域网

2．按拓扑结构划分

网络拓扑结构是指网络上的计算机、通信线路和其他设备之间的连接方式，即指网络的物理架设方式。计算机网络中常见的拓扑结构有总线型结构、星型结构、环型结构、树型结构、网状结构等。除这些之外，还有包含了两种以上基本拓扑结构的混合结构。

（1）总线型结构。总线型结构的网络使用一根中心传输线作为主干网线（即总线 BUS），所有计算机和其他共享设备都连在这条总线上。其中一个结点发送了信息，该信息会通过总线传送到每一个结点上，属于广播方式的通信，如图 1-36 所示。

（2）环型结构。环型结构是将各台联网的计算机用通信线路连接成一个闭合的环，在环型结构中，每台计算机都要与另外两台相连，信号可以一圈一圈按照环型传播，如图 1-37 所示。

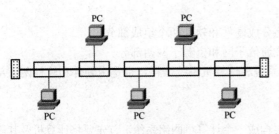

图 1-36　总线型结构

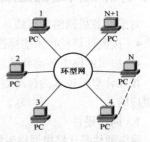

图 1-37　环型结构

（3）星型结构。星型结构的每个结点都由一条点到点链路与中心结点相连。信息的传输是通过中心结点的存储转发技术实现的，并且只能通过中心结点与其他站点通信，如图 1-38 所示。

（4）树型结构。树型结构从总线结构演变而来，形状像一棵倒置的树，如图 1-39 所示。树根接收各站点发送的数据，然后再广播到整个网络。

（5）网状结构。网络中任意一个结点应至少和其他两个结点相

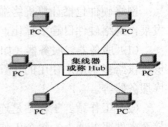

图 1-38　星型结构

连，它是一种不规则的网络结构，如图 1-40 所示。

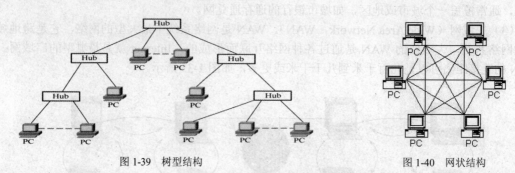

图 1-39　树型结构　　　　　　　　　　　　　　图 1-40　网状结构

（6）混合结构。混合结构泛指一个网络中结合了两种或两种以上标准拓扑形式的拓扑结构。混合结构比较灵活，适用于现实中的多种环境。广域网中通常采用混合拓扑结构。

3．按数据传输方式划分

根据数据传输方式的不同，计算机网络可以分为"广播网络"和"点对点网络"两大类。

（1）广播网络（Broadcasting Network）。广播网络中的计算机或设备使用一个共享的通信介质进行数据传播，网络中的所有结点都能收到其他任何结点发出的数据信息。局域网大多数都是广播网络。

（2）点对点网络（Point to Point Network）。点对点网络中的计算机或设备以点对点的方式进行数据传输，任意两个结点间都可能有多条单独的链路。这种传播方式常应用于广域网中。

4．按使用网络的对象划分

根据使用网络的对象可分为专用网和公用网。专用网一般由某个单位或部门组建，属于单位或部门内部所有，如银行系统的网络。而公用网由电信部门组建，网络内的传输和交换设备可提供给任何部门和单位使用，如 Internet。

三、计算机网络的组成

对于计算机网络的组成，一般有两种分法：

- 按照计算机技术的标准，将计算机网络分成硬件和软件两个组成部分；
- 按照网络中各部分的功能，将网络分成通信子网和资源子网两部分。

按照计算机技术的标准划分，计算机网络系统和计算机系统一样，也是由硬件和软件两大部分组成的。

1．网络硬件

网络硬件是计算机网络系统的物质基础。要构成一个计算机网络系统，首先要将计算机及其附属硬件设备与网络中的其他计算机系统连接起来。不同的计算机网络系统在硬件方面是有差别的。

网络硬件包括计算机终端设备、通信介质和网络互连设备等。随着计算机技术和网络技术的发展，网络硬件日趋多样化，功能更加强大，更加复杂。

（1）服务器。服务器（如图 1-41 所示）作为硬件来说，通常是指那些具有较高计算能力，能够提供给多个用户使用的计算机。网络服务器分为文件服务器、通信服务器、打印服务器和数据库服务器等。

（2）工作站。工作站是连接在局域网上的供用户使用网络的微机。它通过网卡和传输介质连接至文件服务器上。每个工作站一定要有自己独立的操作系统及相应的网络软件。工作站可分为有盘工作站和无盘工作站。图 1-42 所示为一体化工作站。

图 1-41 服务器

图 1-42 一体化工作站

（3）连接设备连接设备是把网络中的通信线路连接起来的各种设备的总称。

网络连接设备有网络适配器（网卡）、调制解调器、中继器和集线器、网桥、交换机、路由器、网关、防火墙等。

（4）传输介质。传输介质是通信网络中发送方和接收方之间的物理通路。

常用的传输介质有双绞线、同轴电缆、光缆、无线传输介质。

2．网络软件

网络软件是实现网络功能不可缺少的软环境。网络软件通常包括网络操作系统、网络协议和各种网络应用软件等。

（1）网络操作系统。网络操作系统（Web-based Operating System，WebOS）的作用在于实现网络中计算机之间的通信，对网络用户进行必要的管理，提供数据存储和访问的安全性，提供对其他资源的共享和访问，以及提供其他的各种网络服务。

目前，UNIX、Linux、Netware、Windows NT/Server 2000/Server 2003 等网络操作系统都被广泛应用于各类网络环境中，并各自占有一定的市场份额。

（2）网络协议。在计算机网络中，两个相互通信的实体处在不同的地理位置，其上的两个进程相互通信，需要通过交换信息来协调它们的动作和达到同步，而信息的交换必须按照预先共同约定好的过程进行。网络协议就是为计算机网络中进行数据交换而建立的规则、标准或约定的集合。

局域网常用的 3 种网络协议有：TCP/IP、NetBEUI 和 IPX/SPX。

四、计算机与网络信息安全

1．概念

信息安全包括信息数据的存储、处理、传输的安全，包括信息的保密性、完整性和可用性。信息保密性目的是为了防止非授权者获取、破坏信息系统中的秘密信息；信息完整性是解决信息的精确、有效，防止信息数据被篡改和破坏；信息可用性是保证网络资源在需要时即可使用，不因为系统的故障或误操作而使资源丢失或不能被使用，还包括具有某些不正常情况下系统的继续运行的能力。

2．防控措施

（1）使用安全防范技术。包括防火墙、防毒软件、密码技术、VPN、安全检测和监控、身份认证、授权等。

（2）合格的安全审计员和工具，定期检查网络环境。

（3）进行全网的流量监测。

（4）优化网络体系结构，包括 6 个方面：应用性能管理、安全内容管理、安全事件管理、用户接入管理、网络资源管理、端点安全管理。

2 应用 Windows 7 系统

项目二

项目引入

学习计算机首先要学习操作系统的使用。Windows 操作系统是目前使用最广泛的操作系统之一，借助图形化的界面使用计算机操作变得直观和容易，它有多个版本。本项目中主要学习 Windows 7 操作系统的使用方法。

学习目标

- 了解 Windows 操作系统的基本概念
- 了解 Windows 操作系统的功能
- 掌握 Windows 操作系统的文件夹、文件和库
- 掌握 Windows 7 的基本操作和应用
- 掌握资源管理的操作和应用
- 掌握文件夹和文件的管理

任务一　Windows 7 的基本操作

相关内容

一、Windows 7 的新特性

（1）个性化的欢迎界面和用户间快速切换。

（2）整个系统提供了更加简单的操作。

（3）Windows 7 为用户提供了更多娱乐功能。

（4）Windows 7 提供了一个新的视频编辑器 Windows Movie Maker。

（5）Windows 7 提供了更好用的网络功能。

（6）Windows 7 的计划任务将在系统后台自动执行。

（7）远程支援。

（8）内置网络防火墙功能。

（9）"智能标签"软件。

二、Windows 7 的视窗元素

1．Windows 7 桌面

启动 Windows 7 后，屏幕显示如图 2-1 所示，Windows 的屏幕被形象地称为桌面，就像办公桌的桌面一样，启动一个应用程序就好像从抽屉中把文件夹取出来放在桌面上。

初次启动 Windows 7 时，桌面的左上角只有一个"回收站"图标，以后根据用户的使用习惯

和需要，也可以将一些常用的图标放在桌面上，以便快速启动相应的程序或打开常用文件。

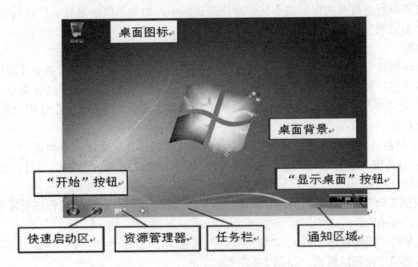

图 2-1　Windows 7 的桌面

（1）桌面背景。桌面背景是指 Windows 7 桌面的背景图案，又称为桌布或墙纸，可以根据自己的喜好更改桌面的背景图案。

（2）桌面图标。桌面图标是由一个形象的小图标和说明文字组成，图标作为它的标识，文字则表示它的名称或功能。在 Windows 7 中，各种程序、文件、文件夹以及应用程序的快捷方式等都用图标来形象地表示，双击这些图标就可以快速地打开文件、文件夹或者应用程序，如图 2-2 所示。

（a）系统图标　　　　　（b）应用程序快捷方式图标　　　　（c）文件文件夹图标

图 2-2　桌面图标

（3）任务栏。任务栏是桌面最下方的水平长条，它主要有"开始"按钮、"快速启动区"、"通知区域"和"显示桌面"按钮 4 部分组成，如图 2-3 所示。

图 2-3　任务栏

① 开始按钮。单击任务栏最左侧的"开始"按钮可以弹出"开始"菜单。"开始"菜单是 Windows 7 系统中最常用的组件之一。

② 快速启动区。快速启动区主要放置的是已打开窗口的最小化图标按钮，单击这些图标按钮就可以在不同窗口间进行切换。用户还可以根据需要，通过拖动操作重新排列任务栏上的程序按钮。

③ 通知区域。通知区域位于任务栏的右侧，除了系统时钟、音量、网络和操作中心等一组系统图标按钮之外，还包括一些正在运行的程序图标按钮。

④"显示桌面"按钮。"显示桌面"按钮位于任务栏的最右侧，作用是可以快速显示桌面，单击该按钮可以将所有打开的窗口最小化到程序按钮区中。如果希望恢复显示打开的窗口，只需再次打击"显示桌面"按钮即可。

2. 菜单

Windows 操作系统的功能和操作基本上体现在菜单中，只有正确地使用菜单才能用好计算机。菜单有四种类型：开始菜单、标准菜单（指菜单栏中的菜单）、控制菜单和快捷菜单。

- "开始菜单"存放操作系统或设置系统的绝大多数命令，而且还可以使用安装到当前系统里面的所有程序；
- "控制菜单"提供还原、移动、大小、最大化、最小化、关闭窗口功能；
- "标准菜单"是按照菜单命令功能进行分类组织并分列在菜单栏中的项目，包括了应用程序所有可以执行的命令；
- "快捷菜单"是针对不同的操作对象进行分类组织的项目，包含了操作该对象的常用命令。

（1）开始菜单

开始菜单由"固定程序"列表、"常用程序"列表、"所有程序"菜单、"启动"菜单、"搜索"框和"关闭选项"按钮区组成，如图 2-4 所示。

"开始"菜单中几乎包含了计算机中所有的应用程序，是启动程序的快捷通道。

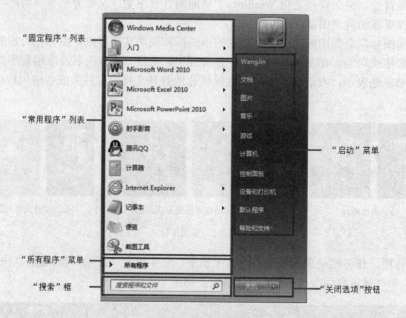

图 2-4 "开始"菜单

（2）一些有关菜单的约定
- 灰色的菜单项表示当前菜单命令不可用。
- 后面有" ▸ "的菜单表示该菜单后还有子菜单。
- 后面有"…"的菜单表示单击它会弹出一个对话框。
- 后面有组合键的菜单表示可以用键盘按组合键来完成相应的操作。
- 菜单之间的分组线表示这些命令属于不同类型的菜单组。
- 前面有"√"的菜单表示该选项已被选中，又称多选项，可以同时选择多项也可以不选。

* 前面有 "•" 的菜单表示该选项已被选中，又称单选项，只能选择且必须选中一项。

（3）菜单示例

图 2-5 所示是一些菜单的示例。

图 2-5　菜单示例

3. 窗口

当用户启动应用程序或打开文档、文件夹时，屏幕上将出现已定义的矩形工作区域，即为窗口，操作应用程序大多数是通过窗口中的菜单、工具按钮、工作区或打开的对话框来进行的。因此，每个应用程序都有一个窗口，每个窗口都有很多相同的元素，但并不一定完全相同。

下面以 "库" 窗口为例介绍窗口组成，如图 2-6 所示。

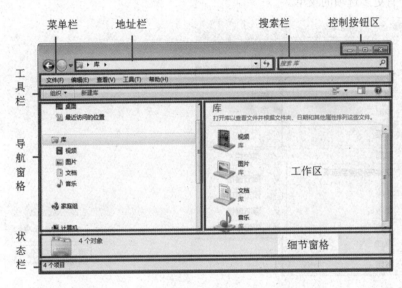

图 2-6　窗口界面

（1）标题栏

在 Windows 7 的系统窗口中，只呈现控制按钮区。控制按钮区有 3 个控制按钮，分别为 "最小化" 按钮 ▬、"最大化" 按钮 ▭（当窗口最大化时，该按钮变为 "向下还原" 按钮 ▢）和 "关闭" 按钮 ✕。

① 单击 "最小化" 按钮 ▬，窗口以图标按钮的形式缩放到任务栏的程序按钮区中。窗口 "最小化" 后，程序仍继续运行，单击程序按钮区的图标按钮可以将窗口恢复到原始大小。

② 单击 "最大化" 按钮 ▭，窗口将放大到整个屏幕大小，可以看到窗口中更多的内容，此时 "最大化" 按钮 ▭ 变为 "向下还原" 按钮 ▢，单击 "向下还原" 按钮，窗口恢复成为最大化之前的大小。

③ 单击 "关闭" 按钮 ✕，将关闭窗口或退出程序。

（2）地址栏

显示文件和文件夹所在的路径，通过它还可以访问因特网中的资源。将您当前的位置显示为以箭头分隔的一系列链接。可以单击 "后退" 按钮 ← 和 "前进" 按钮 →，导航至已经访问的位置。

（3）搜索栏

将要查找的目标名称输入到"搜索"文本框中，按 Enter 键或者单击"搜索"按钮进行查找。

（4）菜单栏

菜单栏默认状态下是隐藏的，可以通过单击"组织"下拉菜单中的"布局"下的"标题栏"选项将其显示出来，如图 2-7 所示。菜单栏由多个包含命令的菜单组成，每个菜单又由多个菜单项组成。单击某个菜单按钮便会弹出相应的菜单，用户从中可以选择相应的菜单项完成需要的操作。大多数应用程序菜单栏都包含"文件"、"编辑"、"帮助"等菜单。

（5）工具栏

工具栏由常用的命令按钮组成，单击相应的按钮可以执行相应的操作。命令按钮会经常显示为没有任何文本或矩形边框的小图标(图片)。当鼠标指针停留在工具栏的某个按钮上时，按钮"点亮"并带有矩形框架，旁边显示该按钮的功能提示，如图 2-8 所示。有些工具按钮的右侧有一个下箭头按钮▼，则这个按钮是一个拆分按钮。单击该按钮的主要部分会执行一个命令，则单击箭头会打开一个有更多选项的菜单。

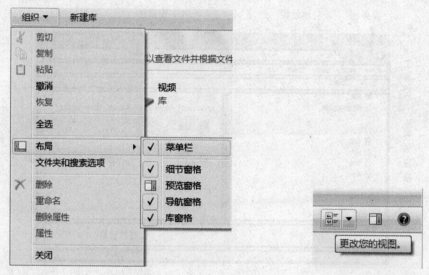

图 2-7　显示菜单栏　　　　　　　　图 2-8　光标停留显示按钮的功能提示

（6）导航窗格

导航窗格位于窗口工作区的左侧，可以使用导航窗格查找文件或文件夹，还可以在导航窗格中将项目直接移动或复制到新的位置。

（7）工作区

工作区是整个窗口中最大的矩形区域，用于显示窗口中的操作对象和操作结果。

另外，双击窗口中的对象图标也可以打开相应的窗口。当窗口中显示的内容太多时，就会在窗口的右侧出现垂直滚动条，单击滚动条两端的向上/向下按钮，或者拖动滚动条都可以使窗口中的内容垂直滚动。

（8）细节窗格

细节窗格位于窗口的下方，用来显示窗口的状态信息或被选中对象的详细信息。

（9）状态栏

状态栏位于窗口的最下方，主要用于显示当前窗口的相关信息或被选中对象的状态信息。可以通过选择"查看"菜单下的"状态栏"菜单项来控制状态栏的显示和隐藏，如图 2-9 所示。

4. 对话框

在 Windows 中，当选择后面带有"…"的菜单命令时，会打开一个对话框。"对话框"是由 Windows 和用户进行信息交流的一个界面，用于提示用户输入执行操作命令所需要的更详细的信息以及确认信息，也用来显示程序运行中的提示信息、警告信息或解释无法完成任务的原因。

不同的对话框，其组成元素也不相同。一个典型的对话框如图 2-10 所示。

图 2-9　显示状态栏

图 2-10　"页面设置"对话框

任务实施

一、Windows 7 启动

步骤 1：打开显示器电源，再打开主机电源。

步骤 2：经过一段时间的启动过程，计算机进行自检，并显示相应信息。

步骤 3：系统显示用户登录界面。对于没有设置密码的用户，只需要单击相应的用户图标，即可顺利登录；对于设置了密码的用户，单击相应的用户图标时，会弹出密码框，输入正确密码后按 Enter 键确认，方可进行登录。

登录后，Windows 7 将进入 Windows 7 桌面。

二、使用"开始"菜单

1. 使用"开始"菜单启动最近使用过的应用程序

步骤 1：单击屏幕左下角的"开始"按钮 。

步骤 2：在开始菜单左侧列出了最近使用过的程序，单击程序名即可启动该程序。

　　"开始"菜单是计算机程序、文件夹和设置的主门户。它提供一个选项列表，就像餐馆里的菜单那样。使用"开始"菜单可执行以下常见的活动：启动程序、打开常用的文件夹、搜索文件、文件夹和程序、调整计算机设置、获取有关 Windows 操作系统的帮助信息、关闭计算机和注销 Windows 或切换到其他用户账户等。

也可以打开"开始"菜单按键盘上的 Windows 徽标键""也可以打开"开始"菜单。

2．使用"开始"菜单启动不常用程序

步骤 1：单击"开始"按钮。

步骤 2：如果看不到所需的程序，可单击"开始"菜单左边窗格底部的"所有程序"，将在左边窗格会按字母顺序显示程序的长列表，后跟一个文件夹列表。单击其中一个程序图标即可启动对应的程序。图 2-11 所示为启动"附件"中的"记事本"程序的"开始菜单"状态。

图 2-11　使用"开始"菜单启动"记事本"程序

　"所有程序"菜单集合了电脑中的所有程序。使用 Windows 7 的"所有程序"菜单可以方便快速地寻找某个程序，并不会产生凌乱的感觉。

3．利用"开始"菜单搜索文件

步骤 1：单击"开始"按钮。

步骤 2：在"开始"菜单底部的"搜索程序和文件"搜索框中输入需要查找的程序、文件或文件夹的文本。输入"Word"，与键入文本相匹配的项按"程序"、"文件"和"文件夹"等分类作为搜索结果显示，如图 2-12 所示。

　在搜索框中输入搜索内容时，在开始输入关键字时，搜索就开始进行了。随着输入关键字越来越完整，符合条件的内容也将越来越少，直到搜索出符合条件的内容为止。这种在输入关键字的同时就进行搜索的方式称为"动态搜索功能"。在使用搜索时需要注意，打开哪个窗口（如在 D 盘窗口），并在搜索框中输入内容，表示只在该文件夹窗口中搜索，而不是在整个计算机资源进行搜索。

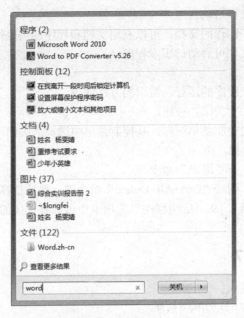

图 2-12 搜索 "Word" 的显示结果

4．利用 "开始" 菜单打开个人文件夹等操作

单击 "开始" 按钮，在 "开始" 菜单的右边窗格选择 "Administrator 打开个人文件夹"、"文档"、"图片"、"音乐"、"游戏"、"计算机" 等选项。

三、启动和退出应用程序

1．启动应用程序

启动应用程序的方法有好几种，如启动 "记事本" 应用程序，其他软件的启动方法与此类似。

（1）使用 "开始" 菜单

单击 "开始" → "所有程序" → "附件" → "记事本" 命令，启动记事本程序。

（2）双击桌面的快捷图标

如果桌面有要使用的应用程序快捷图标，如记事本程序快捷图标 ，双击该图标可启动应用程序。

（3）单击快捷启动栏图标

可单击位于快捷启动栏中的图标来快速启动这个应用程序，如单击 启动记事本应用程序。

（4）使用 "运行" 命令

单击 "开始" → "所有程序" → "附件" → "运行" 命令，打开如图 2-13 所示的 "运行" 对话框，输入应用程序名称 "notepad.exe"，单击 "确定" 按钮可启动记事本程序。

（5）双击应用程序文件

在磁盘上找到需要启动的程序文件，双击该文件图标启动应用程序。如启动记事本程序，在系统盘（如 C 盘）"C:\Windows\System32" 中双击 "记事本" 应用程序文件图标即可。

图 2-13 "运行" 对话框

（6）通过打开已有的文档启动程序

如果磁盘中有相应程序制作的文档，可以利用文档和程序的关联性，通过打开已有文档来启动应用程序，如打开文本文件可启动记事本程序。

2．退出应用程序

退出应用程序，即终止程序的运行，常用的方法如下。

（1）单击窗口右上角的"关闭"按钮。

（2）单击窗口左上角的控制菜单图标，从控制菜单中选择"关闭"命令。

（3）按"Alt+F4"组合键。

（4）选择菜单"文件"→"退出"命令。

（5）若遇到异常情况，则按"Ctrl+Alt+Delete"组合键，然后选择"启动任务管理器"选项，打开"Windows 任务管理器"，从"应用程序"选项卡中选择要关闭的程序，再单击"结束任务"按钮。

四、退出 Windows 7

1．正常退出 Windows 7

步骤 1：关闭所有正在运行的应用程序。

步骤 2：单击屏幕左下角"开始"按钮，在"开始"菜单中单击"关机"按钮。如果有文件尚未保存，系统会提示保存后再进行关机操作。

2．非正常退出 Windows 7

如果在使用电脑过程中出现"死机"、"蓝屏"、"花屏"等情况，需要按下主机电源开关不放，直至电脑关闭主机。

3．暂时电脑锁定

如果短时间内不使用电脑，可不关机，让电脑进入睡眠或休眠状态。单击"开始"按钮，在"开始"菜单中单击"关机"选项，选择"睡眠"或"休眠"，以最小的能耗保证电脑处于锁定状态。

4．切换用户

Windows 7 支持多用户管理，如果要从当前用户切换到另一个用户，可以单击"开始"按钮，在"关机"按钮的关闭选项列表中单击"切换用户"选项，选择其他用户即可。

提示　　"睡眠"和"休眠"的不同在于：当启用"睡眠"功能再次使用电脑时不需要按下主机电源键，而启用"休眠"功能再次使用电脑时，需要按下主机电源键，系统才会恢复到休眠之前的状态。

任务二：管理文件和文件夹

相关知识

用户存储的信息是以文件的形式存放在磁盘上的，为了操作时能快速找到文件位置，文件分门别类地存储在文件夹中。

一、文件

文件是具有名字的相关联的一组信息的集合，任何信息（如声音、文字、影像、程序等）都是以文件的形式存放在计算机的外存储器上的。Windows 7 中的任何文件都用图标和文件名（如图 2-14 所示）来进行标识。

1. 文件的命名规则

（1）文件名由主文件名和扩展名组成，形式为"主文件名.扩展名"。

（2）主文件名允许长达 255 个字符，可用汉字、字母、数字和其他特殊符号，但不能用\、/、:、*、?、"、、、|，如图 2-15 所示。

郁金香.jpg

图 2-14　文件图标和文件名

文件名不能包含下列任何字符：
\ / : * ? " < > |

图 2-15　文件名不能包含的字符

（3）扩展名通常为 3 个英文字符，决定了文件类型，也决定了用什么程序来打开文件。

（4）保留用户指定的大小写格式，但不能利用大小写区分文件名，例如，ABC.DOC 与 abc.doc 表示同一个文件。

2. 文件类型

从打开方式看，文件分为可执行文件和不可执行文件。文件扩展名和文件类型对应见表 2-1。

表 2-1　　　　　　　　　　　　　文件扩展名与文件类型

文 件 类 型	文 件 扩 展 名
程序文件	.com、.exe、.bat 等
文本文件	.txt
快捷方式文件	.lnk
声音文件	.wav、.mp3、.mid 等
图形图像文件	.bmp、.jpg、.gif、.png 等
Word 文档	.docx、.doc 等
Excel 工作表	.xlsx、.xls 等
Powerpoint 演示文档	.pptx、.ppt 等
视频文件	.rm、.avi、.mpg、.mp4 等
压缩包文件	.rar、.zip 等
网页文件	.htm、.html、.asp、.jsp、.php 等

二、文件夹

在计算机中，文件夹是放置文件的一个逻辑空间。在 Windows 7 中，文件夹由一个黄色小夹子图标和名称组成，如图 2-16 所示。

文件夹里除了可以存放文件也可以存放文件夹，存放的文件夹称为"子文件夹"，而存放子文件夹的文件夹则叫做"父文件夹"，磁盘最顶层的文件夹称为"根文件夹"。

Windows 7 中文件夹分为系统文件夹和用户文件夹。系统文件夹是安装好操作系统或应用程序后系统自己创建的文件夹，通常位于 C 磁盘中，不能随意删除和更改名称。

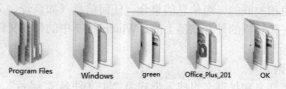

Program Files　　Windows　　green　　Office_Plus_201　　OK

图 2-16　文件夹

文件夹与文件的命名规则类似，但是文件夹没有扩展名。

三、文件夹的树型结构和文件的存储路径

对于磁盘上存储的文件，Windows 是通过文件夹进行管理的。Windows 采用了多级层次的文件夹结构。对于同一个磁盘而言，它的最高级文件夹被称为"根文件夹"。

根文件夹的名称是系统规定的，统一用反斜杠"\"表示。根文件夹中可以存放文件，也可以建立子文件夹。

子文件夹的名称由用户指定，子文件夹下又可以存放文件和再建立子文件夹。

这就像一棵倒置的树，根文件夹是树根，各个子文件夹是树的枝杈，而文件则是树的叶子，叶子上是不能再长出枝杈来的。这种多级层次文件夹结构被称为"树型文件夹结构"，如图 2-17 所示。

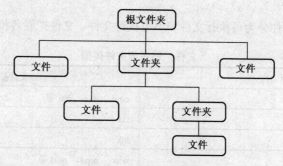

图 2-17　树型文件夹结构

访问一个文件时，必须要有 3 个要素，即文件所在的驱动器、文件在树型文件夹结构中的位置和文件的名字。文件在树型文件夹中的位置可以从根文件夹出发，到达该文件所在的子文件夹之间依次经过一连串用反斜线隔开的文件夹名的序列来表示，这个序列称为"路径"。

（1）磁盘驱动器名（盘符）。磁盘驱动器名是 DOS 分配给驱动器的符号，用于指明文件的位置。"A："和"B："是软盘驱动器名称，表示 A 盘和 B 盘；"C："和"D："……"Z："是硬盘驱动器和光盘驱动器名称，表示 C 盘、D 盘、……、Z 盘。

（2）路径。路径是用一串反斜杠"\"隔开的一组文件夹的名称，用来指明文件所在位置。例如"C:\Window\System 32\mspaint.exe"表示在 C 盘根文件夹中有一个"Windows"子文件夹，在"Windows"子文件夹中有一个"System 32"子文件夹，在"System 32"子文件夹中存放着一个"mspaint.exe"文件。

C:\Window\System 32\mspaint.exe 的路径在"计算机"窗口上方显示为"![计算机 ▶ 本地磁盘 (C:) ▶ Windows ▶ inf ▶]"，也体现了各文件夹之间的关系。

四、文件和文件夹的属性

在 Windows 环境下，文件和文件夹都有其自身特有的信息，包括文件的类型、在磁盘上的位置、所占空间的大小、创建和修改时间，以及文件在磁盘中存在的方式等，这些信息统称为文件的属性。

一般文件在磁盘中存在的方式有只读、存档和隐藏等属性："只读"指文件只允许读，不允许写；"存档"指普通的文件；"隐藏"指将文件隐藏起来，在一般的文件操作中不显示被隐藏的文件。

五、资源管理器

Windows 的资源管理器一直是用户使用计算机时和文件打交道的重要工具，在 Windows 7 中，资源管理器可以使用户更容易地完成浏览、查看、移动和复制文件和文件夹的操作。

1. 打开"Windows 资源管理器"

打开"Windows 资源管理器"的方法很多，下面列举说明几种常用的方法。

（1）在桌面上双击"计算机"图标。

（2）在"开始"菜单中单击右边的"计算机"命令。

（3）单击任务栏上的"Windows 资源管理器"按钮![]。

（4）右击"开始"按钮![]，在弹出的快捷菜单中选择"打开 Windows 资源管理器"命令。

（5）使用"Windows+E"组合键。

2. "Windows 资源管理器"窗口

如图 2-18 所示，"Windows 资源管理器"窗口主要包括菜单栏、工具栏、地址栏、导航窗格、细节窗格、状态栏、工作区等部分。

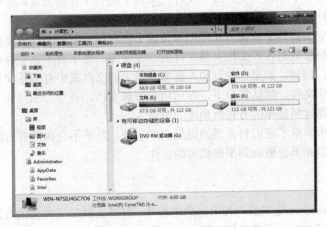

图 2-18　双击"计算机"打开资源管理器

"Windows 资源管理器"窗口左侧的导航窗格用于显示磁盘和文件夹的树型分层结构，包含收藏夹、库、家庭组、计算机和网络这五大类资源。

在导航窗格中，如果磁盘或文件夹前面有"▷"号，表明该磁盘或文件夹下有子文件夹。单击该"▷"号可以展开其中包含的子文件夹。展开磁盘或文件夹后，"▷"号会变成"◢"号，表明该磁盘或文件夹已经展开。单击"◢"号，可以折叠已经展开的内容。

右侧工作区用于显示导航窗格选中的磁盘或文件夹所包含的子文件夹及文件，双击其中的文件或文件夹可以打开相关内容。

用鼠标拖动导航窗格和工作区之间的分隔条，可以调整两个窗格的大小。

在资源管理器中单击右上角的"显示预览窗格"按钮时，在资源管理器中浏览文件，比如文本文件、图片和视频等，都可以在资源管理器中直接预览其内容，如图 2-19 所示。

图 2-19　Windows 资源管理器的预览功能

3. 库

库是用于管理文档、音乐、图片和其他文件的位置。可以使用与在文件夹中浏览文件相同的方式浏览文件，也可以查看按属性（如日期、类型和作者）排列的文件。

库类似于传统的文件夹，用来保存文件和子文件夹。例如，打开库时将看到一个或多个文件。但是相对于传统文件夹中保存的文件或子文件来来自于同一个存储位置，库中的对象来自于用户计算机上的关联文件或来自于移动磁盘上的文件。

库的管理方式更加接近于快捷方式，把相关的不同存储位置的文件或文件夹链接到一个库中进行管理。库中的对象就是各种文件夹与文件的一个快照。库中并不真正存储文件，提供一种更加快捷的管理方式。例如，如果在硬盘和外部驱动器上的文件夹中有音乐文件，则可以使用音乐库同时访问所有音乐文件。默认情况下，库适用于管理文档、音乐、图片和其他文件的位置。根据实际使用，也可通过新建库的方式增加库的类型。

收纳到库中的内容除了它们自占用的磁盘空间之外，几乎不会再额外占用磁盘空间，并且删除库及其内容时，也并不会影响到那些真实的文件。

六、快捷方式

快捷方式是 Windows 提供的一种快速启动程序、打开文件或文件夹的方法，是指向对象的链接，类似于现实生活中的"遥控"，它是一个链接对象的图标，而不是对象本身。为要经常使用的程序、文件和文件夹创建快捷方式并放置在方便的位置，可以方便询问、节省时间。

快捷方式的显著标志是在图标的左下角有一个向右上弯曲的小箭头，如 。它一般存放在桌面、"开始"菜单和任务栏这 3 个位置，也可以在任意位置建立快捷方式。

七、剪贴板

剪贴板是从一个地方复制或移动并打算在其他地方使用的信息的临时存储区域。可以选择文本或图形，然后使用"剪切"或"复制"命令将所选内容移至剪贴板，在使用"粘贴"命令将该内容插入到其他地方之前，它会一直存储在剪贴板中。

例如，可以复制网页上的一部分文本，然后将其粘贴到电子邮件中。大多数 Windows 程序中都可以使用剪贴板。

任务实施

一、使用资源管理器

1．查看磁盘属性

在"计算机"窗口中，磁盘下方只显示磁盘的可用空间和总容量。

如果要更加详细地查看磁盘属性，用右击该磁盘的图标，在弹出的快捷菜单中选择"属性"命令，打开"本地磁盘（C:）属性"对话框，如图 2-20 所示。选择"常规"选项卡，就能够详细了解该磁盘的类型、已用空间和可用空间、总容量等属性，同时还可以设置磁盘卷标。

 提示　计算机内一般有多个磁盘分区，通常应该明确规定各自的用途。如有 4 个分区，可将操作系统安装在 C 盘，应用软件安装在 D 盘，E 盘作为资料存储盘，F 盘作为娱乐盘。当然，实际工作中可根据磁盘分区情况来做合适的分配。

2．查看磁盘内容，打开文件或文件夹

Windows 7 在窗口工作区域列出了计算机中各个磁盘的图标，下面以 C 盘为例说明查看磁盘中的内容。

在"计算机"窗口中双击 C 盘图标，打开 C 盘窗口，如图 2-21 所示。窗口的状态栏上显示出该磁盘中共有 9 个项目，如果要打开某一个文件或文件夹，只要双击该文件或文件夹的图标即可。

图 2-20　通过"本地硬盘（C:）属性"
　　　　　对话框查看磁盘属性

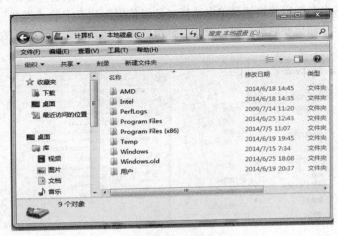

图 2-21　C 盘窗口

3．改变图标的显示方式

可以根据需要使用几种不同的图标方式显示磁盘内容，单击窗口菜单栏中的"查看"菜单中的"超大图标"、"大图标"、"中等图标"、"小图标"、"列表"、"详细资料"、"平铺"、"内容"命令，可以切换不同的显示方式，如图 2-22 所示。也可以通过单击工具栏上的"更改您的视图"按钮，在弹出菜单中选择相应的显示方式。

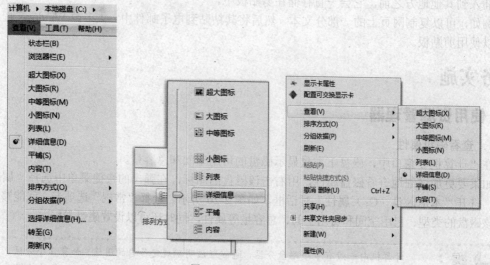

图 2-22 改变显示方式

4．改变图标排列方式

为了方便查看磁盘上的文件，可以对窗口中显示的文件和文件夹按照一定方式进行排序。单击窗口菜单栏中的"查看"菜单中的"排列方式"下的"名称"、"修改日期"、"类型"或"大小"等进行设置，如图 2-23 所示。

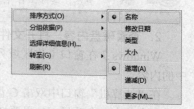

5．分组显示文件夹内容

对文件夹中的内容进行分组显示，可单击"查看"菜单，或

图 2-23 "查看"菜单改变排列方式

右击在弹出的快捷菜单中选择"分组依据"列表中的"类型"、"递增"等命令，如图 2-24 所示。

如果要取消分组，可在"分组依据"列表中选择"无"命令。

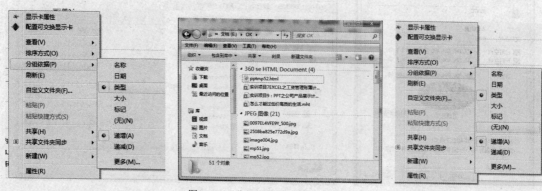

图 2-24 "分组依据"显示文件夹内容

二、文件或文件夹的操作

1. 新建文件夹和文件

（1）新建文件夹

在 E 盘根文件夹中新建一个名为"项目"的文件夹（表示为 E:\项目）。操作如下：

步骤 1：打开用来存放新文件夹的磁盘驱动器或文件夹窗口。双击桌面上的"计算机"图标或单击鼠标右键，在弹出的快捷菜单中选择"打开"命令。打开"计算机"窗口后，双击"硬盘 E:"，即打开了 E 盘的根文件夹。

步骤 2：在目标区域中右击空白区域，在弹出的快捷菜单中选择"新建"列表中的"文件夹"命令，这时在目标位置会出现一个文件夹图标，默认名称为"新建文件夹"，且文件名处于选中的编辑状态，如图 2-25 所示。

步骤 3：输入自己的文件夹名"项目"，按 Enter 键或单击空白处确认。

此操作还可以单击"文件"→"新建"→"文件夹"命令，或者在工具栏中单击"新建文件夹"按钮进行。

（2）新建文件

一般在应用程序中新建文件。但是，Windows 7 允许一些类型的文件利用快捷菜单方式新建。如在刚新建的"项目"文件夹中，新建一个文件名为"123"的文本文档（表示为 E:\项目\123.txt）。操作如下：

步骤 1：打开用来存放新文件的磁盘驱动器或文件夹窗口。双击"项目"文件夹，则打开这个文件夹。

步骤 2：在目标区域右击空白区域，在弹出的快捷菜单中选择"新建"列表中允许创建的文件类型"文本文档"，这时在目标位置会出现一个文件图标，且文件名处于选中的编辑状态，如图 2-26 所示，输入自己的主文件名"123"，按 Enter 键或单击空白处确认。

此操作也可以单击 菜单"文件"→"新建"→具体文件类型命令进行。

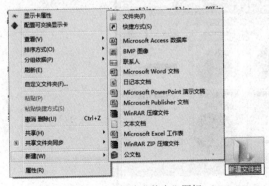

图 2-25 "新建文件夹"图标

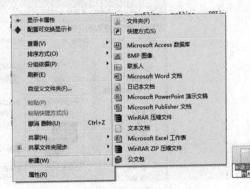

图 2-26 "新建"文本文档

2. 重命名文件或文件夹。

将刚新建的"123.txt"文件重命名为"通知.txt"。操作步骤如下。

步骤 1：选中需要重命名的文件或文件夹。选中文件 123.txt。

步骤 2：右键单击，在弹出的菜单中选择"重命名"命令，这时文件或文件夹的名称将处于蓝底白字的编辑状态（如图 2-27 所示），输入新的主文件名字"通知"，按 Enter 键或单击空白处确认即可。

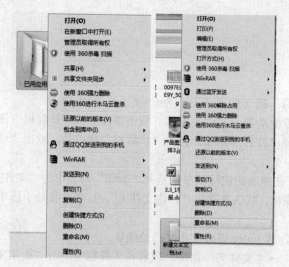

（a）对文件夹和文件选择"重命名"命令　　　　（b）文件夹和文件的名称处于可编辑状态

图 2-27 "重命名"文件夹或文件

还可以采用以下方法：

• 在选中的文件或文件夹名称处单击一次，使其处于编辑状态。然后输入新的名称，按 Enter 键或单击空白处确认。

• 在工具栏中单击"组织"→"重命名"命令。

另外，一次可以重命名多个文件，这为相关项目分组很有帮助。先选择这些文件，然后按照上述步骤之一进行操作。输入一个名称，然后每个文件都将用该新名称来保存，并在结尾处附带上不同的顺序编号。图 2-28 所示为"一次重命名多个文件"窗口。

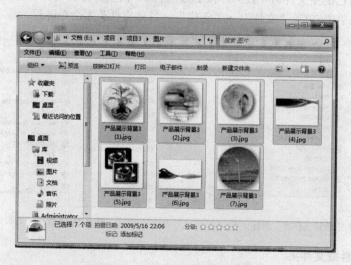

图 2-28 一次"重命名"多个文件

命名文件或文件夹时，要注意在同一个文件夹中不能有两个名称都相同的文件或文件夹。另外，不要对系统中自带的文件或文件夹，及安装应用程序时所创建的文件或文件夹重命名。

3．选择文件或文件夹

（1）选定单个文件或文件夹。直接单击所要选定的文件或文件夹，该文件或文件夹将高亮显示。

（2）选定多个连续的文件或文件夹。单击要选定的第一个文件或文件夹，按住 Shift 键的同时，单击最后一个文件或文件夹。

或者使用拖放方式。即指针移到要选择的连续文件或文件夹的选区角上，按住鼠标不放，朝选区方向拖出一个矩形框，则选中选区中的文件或文件夹，如图 2-29 所示。

（3）选定多个不连续的文件或文件夹。单击要选定的第一个文件或文件夹，按住 Ctrl 键的同时，用鼠标逐个单击要选取的其他文件或文件夹，如图 2-30 所示。

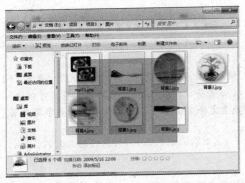

图 2-29 拖放方式选择多个连续文件或文件夹

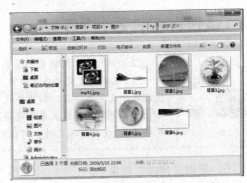

图 2-30 选择不连续文件或文件夹

（4）全部选定文件或文件夹。单击菜单"编辑"→"全部选定"命令，或者在工具栏单击"组织"→"全选"命令，或者使用"Ctrl+A"组合键。

（5）取消选定。按住 Ctrl 键的同时，单击要取消选定的文件或文件夹。如果要取消全部文件或文件夹的选定，可以在空白区域中单击鼠标左键。

> 有时需要选定的内容是窗口中的大多数文件或文件夹，此时也可以使用全部选定，再取消个别不需要选定的文件或文件夹；或者单击"编辑"→"反向选择"命令。

4．查找文件或文件夹。

如果用户想对某个文件或文件夹进行操作时，忘记该文件或文件夹的存放位置或完整名称，可以使用 Windows 提供的搜索功能先进行查找，找到后再进行操作。具体操作步骤如下：

步骤 1：打开资源管理器或者要查找的文件或文件夹所在的存放位置。这里指定文件具体位置为 C:\Windows\System 32。

步骤 2：在窗口的右上角搜索框中输入要查找的文本，即文件或文件夹的名称，输入完整文件名"mspaint.exe"，如图 2-31 所示。

步骤 3：查找文件位置不变，在窗口的右上角搜索框中输入要查找的文本，即文件或文件夹名称（只输入部分名称），输入"m"，如图 2-31 所示。

步骤 4：单击窗口左侧 键，逐级退回上级目录，最后指定查找文件的大致位置是 C:盘。

步骤 5：在窗口的右上角搜索框中输入要查找的文本，即文件或文件夹名称，输入完整文件名"mspaint.exe"，如图 2-31 所示。

（a）指定位置查找完整文件名的文件　　（b）指定位置查找部分文件名的文件　　（c）大致位置查找完整文件名的文件

图 2-31　查找文件或文件夹

或者利用"开始"菜单的搜索功能。

（1）如果没有指明文件位置，则会在所有磁盘中搜索。

（2）在不确定文件或文件夹名称时，可使用通配符协助搜索。通配符有两种：星号（*）代表零个或多个字符，如要查找主文件名以 w 开头，扩展名为 dll 的所有文件，可以输入 w*.dll；问号（?）代表单个字符，如要查找主文件名由 2 个字符组成，第 2 个字符为 w，扩展名为 txt 的所有文件，可以输入? w.txt。

5．复制文件或文件夹

复制文件或文件夹是指把一个文件夹中的一些文件或文件夹复制到另一个文件夹中，执行复制命令后，原文件夹中的内容仍然存在，而新文件夹中拥有与原文件夹中完全相同的这些文件或文件夹。

如将查找到的 mspaint.exe 文件复制到 E：磁盘上的"项目"文件夹中。实现复制文件或文件夹的方法有很多，下面介绍几种常用操作。

（1）使用剪贴板

步骤 1：选定要复制的文件或文件夹"mspaint.exe"，单击菜单"编辑"→"复制"命令，或者使用"Ctrl+C"组合键（复制）。

步骤 2：打开目标文件夹"项目"，单击菜单"编辑"→"粘贴"命令，实现复制操作，或者使用"Ctrl+V"组合键（粘贴）。

（2）使用拖动

选定要复制的文件或文件夹，按住 Ctrl 键不放，用鼠标将选定的文件或文件夹拖动到目标文件夹上，此时目标文件夹会处于蓝色的选中状态，并且光标旁出现"+复制到"提示，如图 2-32 所示，松开鼠标左键即可实现复制。还可以按住鼠标右键，然后将文件拖动到新位置。释放鼠标按钮后，单击"复制到当前位置"。此操作适用于同一窗口的复制操作。

6．移动文件或文件夹

移动文件或文件夹是指把一个文件夹中的一些文件或文件夹移动到另一个文件夹中，执行移动命令后，原文件夹中的内容都转移到新文件夹中，原文件夹中的这些文件或文件夹将不再存在。

移动操作与复制操作有一些类似。但使用剪贴板操作时，单击菜单"编辑"→"剪切"命令，或者"Ctrl+X"组合键（剪切）。使用鼠标左键拖动时，不按住 Ctrl 键如图 2-33 所示，使用鼠标右键时单击"移动到当前位置"。

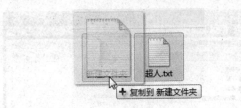

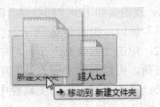

图 2-32　拖动选定文件到目标文件夹复制　　　　图 2-33　拖动选定文件到目标文件夹移动

（1）在同一磁盘的各个文件夹之间使用鼠标左键拖动文件或文件夹时，Windows 默认的操作是移动操作。

（2）在不同磁盘之间拖动文件或文件夹时，Windows 默认的操作为复制操作。

（3）如果要在不同磁盘之间实现移动操作，可以按住 Shift 键不放，再进行拖动。

7．删除文件或文件夹。

用户根据可以删除一些不再需要的文件或文件夹，以便对文件或文件夹的管理。删除后的文件或文件夹被放到"回收站"中，可以选择将其彻底删除或还原到原来的位置。

删除操作有 3 种方法。

（1）右击要删除的文件或文件夹，在弹出的快捷菜单中选择"删除"命令。

（2）选中要删除的文件或文件夹，在"文件"菜单中选择"删除"命令，或者在工具栏中选择"组织"→"删除"命令，或者按键盘上的 Delete 键进行删除。

（3）将要删除的文件或文件夹直接拖动到桌面上的"回收站"中。

执行上述任一操作后，都会弹出"确认文件删除"对话框，如图 2-34 所示，单击"是"按钮，则将文件删除到回收站中，单击"否"按钮，将取消删除操作。

如果在右键选择快捷菜单中的"删除"命令的同时按住 Shift 键，或者同时按"Shift+Delete"组合键，将弹出如图 2-35 所示的对话框，此时实现永久性删除，被删除的文件或文件夹将被彻底删除，不能还原。

移动介质中的删除操作无论是否使用 Shift 键，都将执行彻底删除。

图 2-34　"删除文件"——删除到回收站　　　　图 2-35　"删除文件"→永久性删除

8．删除或还原回收站中的文件或文件夹

"回收站"提供了一个安全的删除文件或文件夹的解决方案，如果想恢复已经删除的文件，可以在回收站中查找；如果磁盘空间不够，也可以通过清空回收站来释放更多的磁盘空间。删除或还原回收站中的文件或文件夹可以执行以下操作步骤。

步骤 1：双击桌面上的"回收站"图标，打开"回收站"窗口，如图 2-36 所示。

步骤 2：单击"回收站"工具栏中的"清空回收站"按钮，可以删除"回收站"中所有的文件和文件夹；单击"回收站"工具栏中的"还原所有项目"按钮，可以还原所有的文件和文件夹，若要还原某个或某些文件和文件夹，可以先选中这些对象，再进行还原操作。

9. 查看和设置文件（夹）属性

查看"项目"文件夹属性，并将它的属性设置为只读；查看"通知.txt"文件的属性，并将它的属性设置为隐藏。

图 2-36 "回收站"窗口

步骤 1：选中要设置属性的文件（夹）。单击选中"项目"文件夹。

步骤 2：选择菜单"文件"→"属性"命令，出现如图 2-37 所示的"属性"对话框，显示了该文件夹的"只读"、"隐藏"、"存档"等属性。勾选"只读"复选框，设置该文件夹属性为只读。单击"确定"按钮。

步骤 3：双击"项目"文件夹，打开"项目"文件夹。单击选中"通知.txt"文件。

步骤 4：单击工具栏中"组织"→"属性"命令，查看该文件的属性。勾选"隐藏"复选框，单击"确定"按钮，然后文件图标就从屏幕上"消失"。

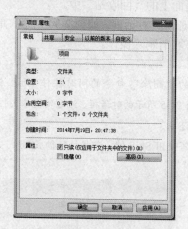 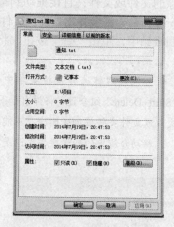

图 2-37 查看、设置"文件（夹）属性"对话框

10. 显示隐藏文件（夹）

如果想显示被设置了隐藏属性的"通知.txt"文件，操作如下：

步骤 1：选择菜单"工具"→"文件夹选项"命令，打开如图 2-38 所示的"文件夹选项"对话框。

步骤 2：单击"查看"选项卡，选中如图 2-39 所示的"显示隐藏的文件、文件夹和驱动器"单选按钮，单击"确定"按钮。

另外，在图 2-39 所示的显示隐藏文件、文件夹的对话框中，还可以设置显示/隐藏已知文件类型的扩展名。

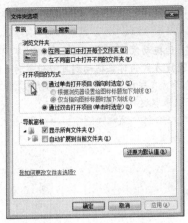 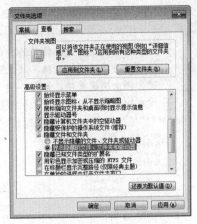

图 2-38 "文件夹选项"对话框 　　图 2-39 显示隐藏的文件、文件夹

11．创建快捷方式

为"项目"文件夹分别在桌面上、"开始"菜单中、任务栏中、任意位置创建快捷方式。

（1）在桌面上创建快捷方式

右击要创建快捷方式的程序、文件或文件夹"项目"，在弹出的快捷菜单中选择"发送到"列表中的"桌面快捷方式"命令，如图 2-40 所示，即可完成桌面快捷方式的创建。

（2）在"开始"菜单中创建快捷方式

直接将要创建快捷方式的程序、文件或文件夹"项目"拖入"开始"菜单中，如图 2-41 所示，完成快捷方式的创建。

（3）在任务栏中创建快捷方式

直接将要创建快捷方式的程序、文件或文件夹"项目"拖入任务栏，如图 2-42 所示，完成快捷方式的创建。

图 2-40 在桌面上创建快捷方式

图 2-41 直接将目标文件或文件夹拖入"开始"菜单 　　图 2-42 直接将目标文件或文件夹拖入任务栏

（4）在任意位置创建快捷方式

步骤 1：右击要创建快捷方式的文件或文件夹"项目"，在弹出的快捷菜单中选择"创建快捷方式"命令，如图 2-43 所示。

步骤 2：选中该快捷方式，右键单击鼠标，在弹出的快捷菜单中选择"复制"或"剪切"命令。

步骤 3：右击指定存放快捷方式的位置，在弹出的快捷菜单中选择"粘贴"命令。

 提示

也可以使用鼠标拖动的方式进行创建，但拖动方式与常用的左键拖动不同，需要在拖动对象时按住鼠标右键不放，在将要创建快捷方式的对象拖动到目标位置时，放开鼠标右键会弹出快捷菜单，如图 2-44 所示。如选择"在当前位置创建快捷方式"，即可完成快捷方式的创建。同样，复制和移动对象也可以采取这种方式。

图 2-43 "创建快捷方式"快捷菜单

图 2-44 通过鼠标右键拖动方式创建快捷方式

或者可以使用以下的方法。

步骤 1：右击存放快捷方式的目标文件夹的空白处，在弹出的快捷菜单中选择"新建"列表中的"快捷方式"命令，打开"创建快捷方式"对话框。

步骤 2：单击"浏览"按钮，在弹出的"浏览文件或文件夹"对话框中，选择要创建快捷方式的程序、文件或文件夹，单击"确定"按钮，回到"创建快捷方式"对话框，单击"下一步"按钮，进入"快捷方式命名"对话框。

步骤 3：输入快捷方式名称，单击"完成"按钮创建快捷方式，如图 2-45 所示。

（a）选择"快捷方式"命令

（b）选择要创建快捷方式的位置

（c）设置快捷方式的名称

图 2-45 "快捷方式"选项

删除快捷方式跟删除文件或文件夹的方式一样。需要注意的是，即使删除了快捷方式用户还可以通过"资源管理器"找到目标程序或文件、文件夹并运行它们。但如果是程序或文件、文件夹被删除，和它们对应的快捷方式就会失去作用。

12. 使用库

（1）新建库"计算机应用基础"

步骤 1：打开"计算机"窗口，单击选中左侧导航窗格中的"库"。

步骤 2：单击工具栏上的"新建库"按钮，添加一个默认名称为"新建库"的库。

步骤 3：输入库的名称"计算机应用基础"，然后按 Enter 键确认，如图 2-45 所示。

（2）添加文件夹"项目"到库"计算机应用基础"

步骤 1：在任务栏中，单击"Windows 资源管理器"按钮。

步骤 2：选中要添加到库中的文件所在的文件夹"项目"，然后单击（不是双击）该文件夹。

步骤 3：在工具栏中，单击"包含到库中"按钮，然后从图 2-46 所示的列表中选择"计算机应用基础"库。这样就将选中的文件夹包含到"计算机应用基础"库中。

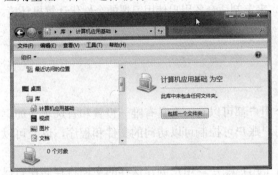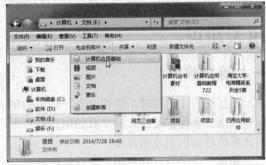

图 2-46 创建"计算机应用基础"库

"项目"文件夹添加到"计算机应用基础"库后，后期如果需要打开"项目"文件夹以查看文件夹，除了通过"计算机"、"资源管理器"窗口打开以外，还可以通过打开"计算机应用基础"库打开。

 提示

只有选中文件夹，工具栏中才会出现"包含到库中"。

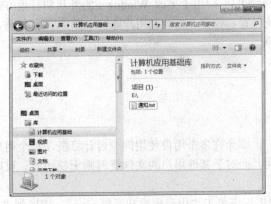

图 2-47 将文件夹包含到库

如果不需要将某些文件（夹）通过库来进行管理，可以将其从库中删除，删除文件（夹）时，不会从原始位置中删除该文件夹及其内容。其操作步骤如下。

步骤 1：在任务栏中，单击"Windows 资源管理器"按钮，打开资源管理器。

步骤 2：在导航窗格中，右击要从库中删除的文件夹，在弹出的快捷菜单中选择"从库中删除位置"命令。

同理，如果不需要某些库项目，也可右击要删除的库，在弹出的快捷菜单中选择"删除"命令进行删除。

任务三 系统管理和应用

一台计算机可能有多个用户。Windows 7 允许每个人创建各自的用户账户，并按各用户的需要和个性习惯，设置桌面、显示器、键盘、鼠标和时间，来定制适合各用户使用习惯的个性化计算机环境。

相关知识

一、用户账户

通过用户账户管理，共用一台计算机的每个用户都可以有一个具有唯一设置和首选项（如桌面背景或屏幕保护程序）的单独的用户账户。用户账户可控制可以访问的文件和程序，以及可以对计算机进行的更改的类型。

通常，大多数计算机用户创建标准账户。有了用户账户，用户创建保存的文档将存储在自己的"我的电脑"文件夹中，而与使用该计算机的其他用户的文档分开。

Windows 7 系统有 3 种类型的账户。每种类型的用户分别享有不同的计算机控制级别。

- 标准账户适用于日常计算，有些功能将限制使用。
- 管理员账户可以对计算机进行最高级别的控制，但只在必要时才使用。
- 来宾账户主要针对需要临时使用计算机的用户。

二、控制面板

要定制个性化的计算机环境，主要使用的是"控制面板"。

"控制面板"提供了丰富的专门用于更改 Windows 的外观和行为方式的工具。通过它，用户可查看并操作基本的系统设置和控制，如控制用户账户、添加/删除软件、查看设置网络、添加硬件、更改辅助功能选项等。

任务实施

一、设置用户账户

Windows 支持多用户，即允许多个用户使用同一台计算机，每个用户只拥有对自己建立的文件或共享文件的读写权利，而对于其他用户的文件资料则无权访问。可以通过如下步骤在一台计算机上创建新的账户。

步骤 1：在"控制面板"中单击"用户账户和家庭安全"，切换到"用户账户"窗口。

步骤 2：单击"管理其他账户"选项，打开"管理账户"窗口。

步骤 3：单击"创建一个新账户"选项，为新账户输入一个名字"test"，选择"标准用户"或"管理员"账户类型。

步骤 4：单击"创建账户"按钮即可完成账户设置，如图 2-48 所示。

　　（a）"管理账户"窗口　　　　　　　　　　　　（b）创建新账户

（c）新建的账户

图 2-48　在"用户账户"窗口中创建新账户

二、更改外观和主题

在"控制面板"中，单击"外观和个性化"选项，切换到"个性化"窗口；或者，右击桌面空白处，在弹出的快捷菜单中选择"个性化"命令，如图 2-49 所示。在这里可以设置计算机主题、桌面背景、屏幕保护程序、桌面图标、鼠标指针等。

图 2-49　在"个性化"窗口的列表框中更换主题

1. 更换主题

在"个性化"窗口的列表框中选择不同的主题，可以使 Windows 按不同的风格呈现，如图 2-49 所示。

2. 更换桌面背景

在"个性化"窗口中，单击"桌面背景"选项，打开"桌面背景"对话框，如图 2-50 所示。

从"图片位置（L）"下拉列表中选择图片的位置，然后在下方的列表框中选择喜欢的背景图片，Windows 7 桌面背景有 5 种显示方式，分别是填充、适应、拉伸、平铺和居中，可以在窗口左下角的"图片位置（P）"下拉列表中选择合适的显示方式，设置完成后单击"保存修改"按钮进行保存。

图 2-50 在"桌面背景"对话框中更改桌面

 还有一种更加方便的设置桌面背景的方法，即在图片上单击鼠标右键，从弹出的快捷菜单中选择"设置为桌面背景"命令。

3. 设置屏幕保护程序

如果在较长时间内不对计算机进行任何操作，屏幕上显示的内容没有任何变化，会使显示器局部持续显示强光造成屏幕的损坏，使用屏幕保护程序可以避免这类情况的发生。

屏幕保护程序是在一个设定的时间内，当屏幕没有发生任何变化时，计算机自动启动一段程序来使屏幕不断变化或仅显示黑色。当用户需要使用计算机时，只需要单击鼠标或按任意键就可以恢复正常使用。

在"个性化"窗口中，选择"屏幕保护程序"选项，打开"屏幕保护程序设置"对话框，如图 2-51 所示。

单击"屏幕保护程序"下方的下拉列表框箭头，选择一种屏幕保护程序，在"等待"框中输入或选择用户停止操作后经过多长时间激活屏幕保护程序，然后单击

图 2-51 "屏幕保护程序设置"对话框

"确定"按钮。

4．设置桌面图标

在"个性化"窗口中，单击左侧的"更改桌面图标"选项，打开"桌面图标设置"对话框，如图 2-52 所示。在"桌面图标"组合框中选中相应的复选框，可以将该复选框对应的图标在桌面上显示出来。

如果对系统默认的图标样式不满意，还可以进行更改。

（1）选择想要修改的图标，单击"桌面图标设置"对话框中的"更改图标"按钮，打开"更改图标"对话框，如图 2-53 所示。

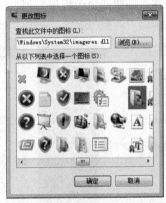

图 2-52　在"桌面图标设置"对话框中设置桌面图标 　　图 2-53　在"更改图标"对话框中更改图标样式

（2）在列表中选择喜欢的图标或者单击"浏览"按钮，重新选择图标。

　　　　在桌面空白区域单击鼠标右键，在弹出的快捷菜单中选择"个性化"命令，也可以打开"个性化"窗口，进行以上各项设置。

三、设置日期和时间

单击"控制面板"中的"日期和时间"选项，或者单击任务栏上通知区域中的"日期和时间"，打开"日期和时间"对话框，如图 2-54 所示。单击"更改日期和时间"按钮，可以设置日期和时间。

四、添加或删除程序

应用软件的安装和卸载可以通过双击安装程序和使用软件自带的卸载程序完成。"控制面板"也提供了"卸载程序"功能。

在"控制面板"中，单击"程序和功能"选项，打开"程序和功能"窗口。

在"卸载或更改程序"列表中会列出当前安装的所有程序，选中某一程序后，单击"卸载"或"修复"按钮可以卸载或修复该程序。

图 2-54　设置日期和时间

五、中文输入法的安装、删除和设置

Windows 7 提供了多种中文输入法，如简体中文全拼、双拼，郑码，微软拼音 ABC 等。此外，用户还可以根据自身需要添加或删除输入法，如搜狗拼音输入法。

1. 安装输入法

双击"搜狗输入法"应用程序，安装搜狗输入法，安装后如图 2-55 所示。

2. 删除/卸载输入法

（1）在"控制面板"中，单击"程序和功能"项，打开"程序和功能"窗口。

（2）在"卸载或更改程序"列表中，右击"搜狗拼音输入法"程序。

（3）弹出"卸载/更改"，单击"卸载/更改"按钮，如图 2-56 所示。

图 2-55 安装的"搜狗拼音"输入法

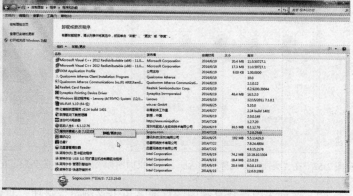

图 2-56 删除/卸载"搜狗拼音"输入法

3. 设置输入法

步骤 1：在"控制面板"窗口中单击"更改键盘或其他输入法"，打开如图 2-57 所示的"区域和语言"对话框。

步骤 2：选择"键盘和语言"选项卡，单击"更改键盘"按钮，打开如图 2-58 所示的"文本服务和输入语言"对话框。

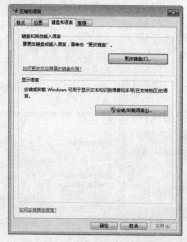

图 2-57 "区域和语言"对话框

图 2-58 "文本服务和输入语言"对话框

步骤 3：单击"添加"按钮，打开如图 2-59 所示"添加输入语言"对话框。选择需要的已安装的输入法，单击"确定"按钮，完成输入法的设置。

也可以单击鼠标右键"任务栏"中的"输入法"指示器，从快捷菜单中选择"设置"命令，从而打开"文本服务和输入语言"对话框进行输入法的添加或删除。

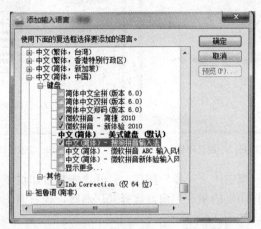

图 2-59 "添加输入语言"对话框

"文本服务和输入语言"对话框中"常规"选项卡的"添加"输入法只是将安装好的输入法显示在输入法选择列表中，"删除"输入法也不是真的将输入法从电脑中删除，而只是在输入法选择列表中消失。

六、设置打印机

在用户使用计算机的过程中，有时需要将一些文档或图片以书面的形式输出，这时就需要使用打印机了。

在 Windows 7 中，用户不但可以在本地计算机上安装打印机，如果用户连入网络，还可以安装网络打印机，使用网络中的共享打印机来完成打印。

1. 安装本地打印机

Windows 7 自带了一些硬件的驱动程序，在启动计算机的过程中，系统会自动搜索连接的新硬件并加载其驱动程序。

如果连接的打印机的驱动程序没有在系统的硬件列表中显示，就需要进行手动安装，安装步骤如下。

步骤 1：在"控制面板"中，单击"设备和打印机"选项，打开"设备和打印机"窗口。单击"添加打印机"按钮，启动"添加打印机"向导，如图 2-60 所示。

步骤 2：单击"添加本地打印机"选项，打开"选择打印机端口"对话框，要求用户选择安装打印机使用的端口。在"使用以下端口"下拉列表框中提供了多种端口，系统推荐的打印机端口是 LPT1，如图 2-61 所示。

大多数的计算机也是使用 LPT1 端口与本地计算机通信的，如果用户使用的端口不在列表中，可以选择"创建新端口"单选项来创建新的通信端口。

图 2-60　"设备和打印机"窗口和"添加打印机"向导

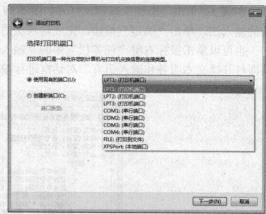

图 2-61　"选择打印机端口"对话框

步骤 3：选定端口后，单击"下一步"按钮，打开"安装打印机驱动程序"对话框。在左侧的"厂商"列表中罗列了打印机的生产厂商，选择某厂商时，在右侧的"打印机"列表中会显示该生产厂相应的产品型号，如图 2-62 所示。

步骤 4：如果用户安装的打印机厂商和型号未在列表中显示，可以使用打印机附带的安装光盘进行安装。单击"从磁盘安装"按钮，输入驱动程序文件的正确路径，返回到"安装打印机软件"对话框。

步骤 5：确定驱动程序文件的位置后，单击"下一步"按钮打开"输入打印机名称"对话框，在"打印机名称"文本框中给打印机重新命名，如图 2-63 所示。

步骤 6：单击"下一步"按钮，屏幕上会出现"正在安装打印机"对话框，它显示了安装进度，如图 2-64 所示。当安装完成后，对话框会提示安装成功，在该对话框中可以将该打印机设置为默认的打印机。如果用户要确认打印机是否连接正确，且顺利安装驱动，可以单击"打印测试页"按钮，如图 2-65 所示，这时打印机会进行测试页的打印。

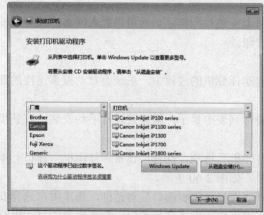

图 2-62　"安装打印机驱动程序"对话框

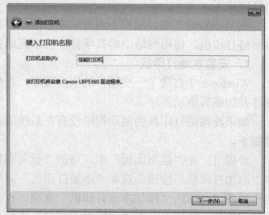

图 2-63　"输入打印机名称"对话框

当用户处于有多台共享打印机的网络中时，如果打印作业未指定打印机，将在默认的打印机上进行打印。

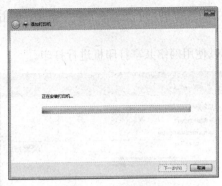

图 2-64　打印机安装进度

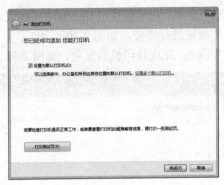

图 2-65　设置默认打印机和打印测试页

步骤 7：单击"完成"按钮，在"设备和打印机"窗口中会出现刚刚添加的打印机的图标。如果用户将其设置为默认打印机，则在图标旁边会有一个带"√"标志的绿色小圆，如图 2-66 所示。

图 2-66　成功添加打印机和"默认打印机"图标

2．安装网络打印机

如果用户是处于网络中的，而网络中有已共享的打印机，那么用户也可以添加网络打印机驱动程序来使用网络中的共享打印机进行打印。

网络打印机的安装与本地打印机的安装过程是类似的，前两步的操作完全相同，从第三步开始操作步骤如下。

步骤 1：在"要安装什么类型的打印机"对话框中选择安装"添加网络、无线或 Bluetooth 打印机"，如图 2-67 所示。

步骤 2：在"搜索可用打印机"对话框中，可以在搜索框中指定要连接的的网络共享打印机，或单击"我需要的打印机不在列表中"选项，如图 2-68 所示，打开"按照名称或 TCP/IP 地址查找打印机"对话框，通过"浏览打印机"或"按名称选择共享打印机"或"使用 TCP/IP 地址或主机名添加打印机"的方式进行连接，如图 2-69 所示，如果不清楚网络中共享打印机的位置等相关信息，可以选择"浏览打印机"单选项，让系统搜索网络中可用

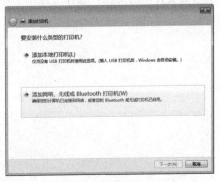

图 2-67　选择安装网络打印机

的共享打印机，如果要使用 Internet、家庭或办公网络中的打印机，可以选择另两个选项，单击"下一步"按钮进行连接，如图 2-70 所示。

步骤3：完成打印机的安装，如图 2-71 所示，可以使用网络共享打印机进行打印。

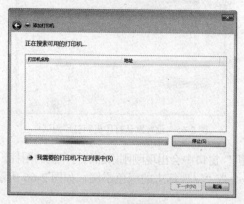

图 2-68 "搜索可用打印机"对话框

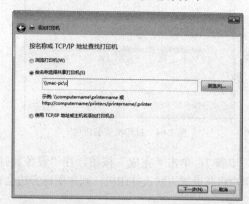

图 2-69 "按名称或 TCP/IP 地址查找打印机"对话框

图 2-70 连接到打印机

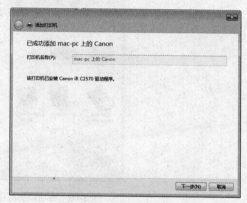

图 2-71 成功添加网络打印机

3．打印文档

打印机安装完成后，就可以进行文档的打印了。打印文档比较常用的方法是选择文档对应的应用程序的"文件"菜单中的"打印"命令进行打印。

除常规方法之外，也可以把要打印的文件拖动到默认打印机图标上进行打印，或者直接右键单击需要打印的文档，选择"打印"命令。

项目三

Internet 应用

项目引入

Internet 对信息技术的发展、信息市场的开拓以及信息社会的形成起着十分重要的作用。

学习目标

- 了解 Internet 基础知识
- 了解网络应用基本知识
- 掌握 Internet 应用
- 掌握 IE 浏览器软件的基本操作和使用
- 掌握 Outlook Express 软件的基本操作和使用

任务一 Internet 基础

相关知识

一、Internet 的起源和发展

Internet 起源于 20 世纪 60 年代后期，是在美国较早的军用计算机网 ARPANET 的基础上经过不断发展变化而形成的。80 年代初开始在 ARPANET 上全面推广协议 TCP/IP。1990 年，ARPANET 的实验任务完成，在历史上起过重要作用的 ARPANET 宣布关闭。

此后，其他发达国家也相继建立了本国的网络协议，并连接到美国的 Internet。于是，一个覆盖全球的国际互联网迅速形成。

随着商业网络和大量商业公司进入 Internet，网上商业应用取得高速发展，同时也使 Internet 能为用户提供更多的服务，使 Internet 迅速普及和发展起来。

如今，互联网已经渗透到人类社会生活的方方面面，深刻地改变了人们的生活和工作方式。可以说，互联网是自印刷术以来人类通信方面最大的变革。

二、TCP/IP 协议

1. TCP/IP 协议

TCP/IP 是 Internet 最基本的协议、Internet 国际互联网络的基础，由网络层的 IP 协议和传输层的 TCP 协议组成。

TCP/IP 定义了电子设备如何连入因特网，以及数据如何在它们之间传输的标准。协议采用了 4 层的层级结构，每一层都呼叫它的下一层所提供的协议来完成自己的需求。

（1）应用层

向用户提供一组常用的应用程序，比如电子邮件、文件传输访问、远程登录等。

（2）传输层

提供应用程序间的通信；格式化信息流；提供可靠传输。为实现功能，传输层协议规定接收端必须发回确认，假如分组丢失，必须重新发送。

（3）网络层

负责相邻计算机之间的通信。

- 处理来自传输层的分组发送请求，收到请求后，将分组装入 IP 数据报，填充报头，选择去往信宿机的路径，然后将数据报发往适当的网络接口；
- 处理输入数据报：首先检查其合法性，然后进行寻径→假如该数据报已到达信宿机，则去掉报头，将剩下部分交给适当的传输协议；假如该数据报尚未到达信宿，则转发该数据报。
- 处理路径、流控、拥塞等问题。

（4）网络接口层

负责接收 IP 数据报并通过网络发送之，或从网络上接收物理帧，抽出 IP 数据报，交给 IP 层。

2．IP 地址

连在网络上的两台计算机之间在相互通信时，必须给每台计算机都分配一个 IP 地址作为网络标识。为了不造成通信混乱，每台计算机的 IP 地址必须是唯一的，不能有重复。常见的 IP 地址，分为 IPv4 与 IPv6 两大类。

目前使用的 IP 地址由 32 位二进制数组成，通常被分割为 4 个"8 位二进制数"（即 4 个字节），以×××.×××.×××.×××形式表现，每段×××代表 0～255 之间的十进制数，如 202.96.155.9。Internet 中，IP 地址是唯一的。目前 IP 技术下可能使用的 IP 地址最多可有约 42 亿个。

IP 地址由两部分组成：一部分为网络号，另一部分为主机号。

IP 地址分为 A、B、C、D、E 共五类，如图 3-1 所示。最常用的是 B 和 C 两类。

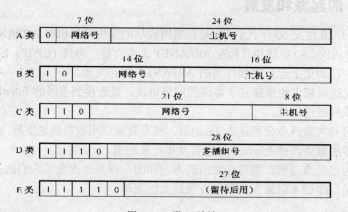

图 3-1　5 类 IP 地址

3．域名

域名同 IP 地址一样，都是用来表示一个单位、机构或个人在网络上的一个确定的名称或位置。所不同的是，它与 IP 地址相比更有亲和力，容易被人们记忆并且乐于使用。

互联网中域名的一般格式为主机名.[二级域名.]一级域名（也叫顶级域名）。

域名为 www.cctv.com（中央电视台的网站），其中，www.cctv 为主机名（www 表示提供超文本信息的服务器，cctv 表示中央电视台）；com 为顶级域名（表示商业机构）。

提示 主机名和顶级域名之间可以根据实际情况进行缺省设置或扩充。

顶级域名有国家、地区代码和组织、机构代码两种表示。常见的代码及对应含义，见表 3-1。

表 3-1　　　　　　　　　　　　顶级域名常见的代码及对应含义

国家、地区代码	表 示 含 义	组织、机构代码	表 示 含 义
.au	澳大利亚	.com	商业机构（任何人都可以注册）
.ca	加拿大	.edu	教育机构
.ru	俄罗斯	.gov	政府部门
.fr	法国	.int	国际组织
.it	意大利	.mil	美国军事部门
.jp	日本	.net	网络组织（现在任何人都可以注册）
.uk	英国	.org	非盈利组织（任何人都可以注册）
.sg	新加坡	.info	网络信息服务组织
缺省	美国	.pro	用于会计、律师和医生

4. DNS

域名比 IP 地址直观，方便我们的使用，但却不能被计算机所直接读取和识别，必须将域名翻译成 IP 地址，才能访问互联网。域名解析系统（Domain Name System），就是为解决这一问题而诞生的，它是互联网的一项核心服务，将域名和 IP 地址相互映射为一个分布式数据库，能够使人们更方便地访问互联网，而不用记住能够被机器直接读取的 IP 地址。

例如，www.wikipedia.org 作为一个域名，和 IP 地址 208.80.152.2 相对应。DNS 就像是一个自动的电话号码簿，可以直接拨打 wikipedia 的名字来代替电话号码（IP 地址）。DNS 在我们直接呼叫网站的名字以后，就会将 www.wikipedia.org（便于人类使用的名字）转化成 208.80.152.2（便于机器识别的 IP 地址）。

三、Internet 常用服务

1. WWW 服务

WWW 服务是 Internet 信息服务的核心，也是目前 Internet 上使用最广泛的信息服务。WWW 是一种基于超文本文件的交互式多媒体信息检索工具。WWW 服务使用的是超文本链接（HTML），可以很方便地从一个信息页转换到另一个信息页。它不仅能查看文字，还可以欣赏图片、音乐、动画。

2. URL

在 WWW 上浏览或查询信息，必须在浏览器上输入查询目标的地址，即统一资源定位器（Uniform Resource Locator，URL），也称 Web 地址，俗称"网址"。URL 规定某一信息资源在 WWW 中存放地点的统一格式，它从左到右分别由下述部分组成。

（1）Internet 资源类型：指 WWW 客户程序用来操作的工具，即使用的访问协议。如"http://"表示 WWW 服务器，"ftp://"表示 FTP 服务器。

（2）服务器地址：指出要访问的网页所在的服务器域名。如 www.microsoft.com。

（3）端口：对某些资源的访问来说，需给出相应的服务器提供端口号。

（4）路径：指明服务器上某资源的位置（其格式与文件路径中的格式一样，通常由目录/子目录/文件名组成）。与端口一样，路径并非总是需要的。

URL 的一般格式为 Internet 类型://服务器地址(或 IP 地址)[端口][路径]。例如"http://www.cctv.com"就是一个典型的 URL 地址。

 提示
　　WWW 上的服务器都是区分大小写字母的，书写 URL 时需注意大小写。

3．电子邮件——E-mail 服务

电子邮件指用电子手段传送信件、单据、资料等信息的通信方法，是 Internet 最基本的功能之一。电子邮件的传输是通过电子邮件简单传输协议（Simple Mail Transfer Protocol，SMTP）这一系统软件来完成的。

4．文件传输

文件传输协议 FTP 是 Internet 文件传送的基础，使得主机间可以共享文件。通过该协议，可以给远程主机发出命令来下载文件，上传文件，创建或改变远程主机上的目录。

5．远程登录服务

远程登录是指用户使用 Telnet 命令，使自己的计算机暂时成为远程主机的一个仿真终端的过程。通过登录远程计算机，可以直接使用远程计算机的资源，享受远程计算机本地终端同样的权利。因此，在自己计算机上不能完成的复杂处理都可以通过登录到可以进行该处理的计算机上去完成，从而大大提高了本地计算机的处理功能。

6．其他

（1）新闻组

新闻组（英文名 Usenet 或 NewsGroup），简单地说就是一个基于网络的计算机组合，这些计算机被称为新闻服务器，不同的用户通过一些软件可连接到新闻服务器上，阅读其他人的消息并可以参与讨论。新闻组是一个完全交互式的超级电子论坛，是任何一个网络用户都能进行相互交流的工具。

（2）电子公告牌系统

电子公告牌系统（Bulletin Board System，BBS）通过在计算机上运行服务软件，允许用户使用终端程序通过电话调制解调器拨号或 Internet 来进行连接，执行下载数据或程序、上传数据、阅读新闻、与其他用户交换消息等功能。目前，有时 BBS 也泛指网络论坛或网络社群。

（3）博客

博客（Blog）就是以网络作为载体，简易迅速便捷地发布自己的心得，及时有效轻松地与他人进行交流，再集丰富多彩的个性化展示于一体的综合性平台。一个 Blog 其实就是一个网页，它通常是由简短且经常更新的帖子所构成，这些张贴的文章都按照年份和日期倒序排列。

（4）即时聊天

即时聊天是指通过特定软件来和网络上的其他同类玩家就某些共同感兴趣的话题进行讨论。

常见的即时聊天软件有：QQ、Anychat、MSN、ICQ、AIM、新浪 UC、网易泡泡、百度 Hi、雅虎通等。

（5）IP 电话

也称网络电话。通过 Internet 网进行实时的语音传输服务，是通信网络通过 TCP/IP 协议实现

的一种电话应用。

任务实施

一、连接 Internet

1. 通过 ADSL 连接 Internet

步骤 1：将 ADSL 调制解调器取出，按照说明书，一端接到电话线，另一端接到计算机的网卡端口，再连通电源。

步骤 2：设置网络连接。

（1）选择"开始"→"控制面板"命令，打开如图 3-2 所示的"控制面板"窗口。

（2）单击"网络和 Internet"选项，打开如图 3-3 所示的"网络和 Internet"窗口。

（3）选择"网络和共享中心"选项，打开如图 3-4 所示的"网络和共享中心"窗口。

（4）在"网络和共享中心"窗口中，单击"设置新的连接或网络"选项，打开如图 3-5 所示的"设置连接或网络"对话框。

图 3-2　"控制面板"窗口

图 3-3　"网络和 Internet"窗口

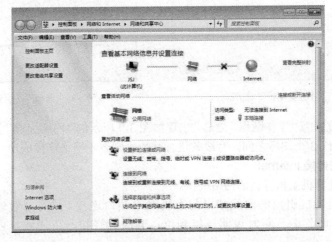

图 3-4　"网络和共享中心"窗口

（5）选择"连接到 Internet"，并单击"下一步"按钮，出现如图 3-6 所示的"输入 Internet 服务提供商（ISP）提供的信息"界面，在此处输入 ADSL"用户名"和"密码"，默认的连接名称为"宽带连接"。

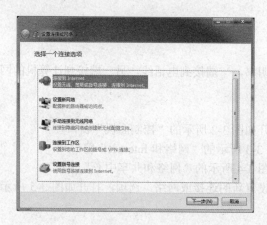

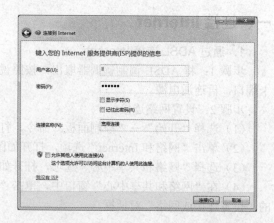

图 3-5 "设置连接选项"对话框　　　　　　　　图 3-6 "ADSL 用户名和密码设置"对话框

（6）单击"连接"按钮，计算机将自动通过调制解调器与 Internet 服务接入商的服务器进行连接，如图 3-7 所示。

（7）连通网络之后，将会出现如图 3-8 所示的"选择网络位置"对话框，要求选择当前计算机工作的网络位置。

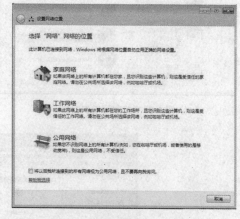

图 3-7 "正在连接宽带"对话框　　　　　　　　图 3-8 "选择网络位置"对话框

（8）选择网络位置为"工作网络"之后，出现如图 3-9 所示的"网络连通"界面，"此计算机"、"网络"和"Internet"3 个图标之间，有线条进行联系，则表示网络连接成功。

2. 通过局域网连接 Internet

步骤 1：找到计算机主机背后的网络端口。

步骤 2：将从交换机引出的网线端口与主机网络端口连接，只有网线端口方向正确才可以插入。当听到"咔"的一声时说明连接到位，同时轻轻拉一下网线，以确保网络被准确固定。

步骤 3：观察计算机的桌面，在任务栏右下角出现⛚，则表示网络物理连接成功。

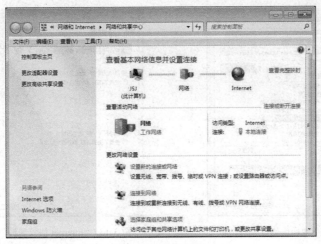

图 3-9　网络连通图

二、设置 IP 地址和 DNS 地址

步骤 1：在 Windows 桌面上，右击"网络"图标，出现如图 3-10 所示的快捷菜单，选择"属性"命令，打开"网络和共享中心"窗口。

步骤 2：在"网络和共享中心"窗口中，单击"查看活动网络"中的"本地连接"，出现如图 3-11 所示的"本地连接状态"对话框。

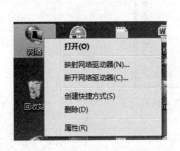

图 3-10　"网络"快捷菜单　　　　　　图 3-11　"本地连接状态"对话框

步骤 3：单击"属性"按钮，打开如图 3-12 所示的"本地连接属性"对话框，此时会看到有"TCP/IPv6"和"TCP/IPv4"这两个 Internet 协议版本。此处选择"TCP/IPv4"（开通了 IPv6 的地区可以选择 IPv6）。

步骤 4：单击"属性"按钮，在出现如图 3-13 所示的"Internet 协议版本 4（TCP/IPv4）属性"对话框中，选择"自动获得 IP 地址"和"自动获得 DNS 服务器地址"选项。

步骤 5：单击"确定"按钮，完成通过局域网连接 Internet 的设置。

图 3-12 "本地连接属性"对话框

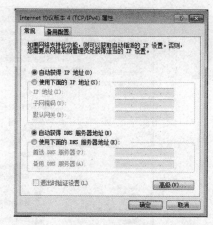

图 3-13 "Internet 协议属性"对话框

三、查看网络详细信息

步骤 1：在 Windows 桌面右下角右击"网络连通"图标，从快捷菜单中选择"打开网络和共享中心"命令，打开"网络和共享中心"窗口。

步骤 2：单击"本地连接"按钮，在打开的对话框中单击"详细信息"按钮，出现如图 3-14所示"网络连接详细信息"对话框，可查看当前计算机的 IP 地址和 DNS 地址等信息。

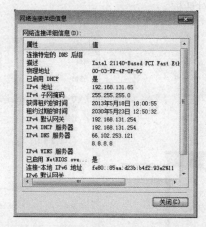

图 3-14 "网络连接详细信息"对话框

计算机网络应用

相关知识

一、信息浏览与获取

信息浏览通常是指 WWW（World Wide Web）服务，使用 WWW，只需单击浏览器就可在 Internet

上浏览世界各地的计算机上的各种信息资源。

1．浏览器

浏览器是用于获取和查看 Internet 信息（网页）的应用程序。常用浏览器有 IE 浏览器、Safari 浏览器、FireFox 浏览器、Opera 浏览器等。

（1）浏览器首页：浏览器默认主页，当用户每次打开浏览器，默认出现的第一个网页。可人工进行设置。

（2）收藏夹：使用收藏夹，将经常访问的 Web 站点放在便于访问的位置。这样，不必记住或输入网址就可到达该站点。

2．网页、网站和网址

（1）网页：是在浏览器中看到的页面，用于展示 Internet 中的信息。

（2）网站：是若干网页的集合，用于为用户提供各种服务，如浏览新闻、下载资源等。网站包括一个主页和若干个分页。主页就是访问某个网站时打开的第一个页面，通过主页可以打开链接的其他网页。

（3）网址：用于标识网页在 Internet 上的位置，每一个网址对应一个网页。通常是指主页地址，也是网站的域名。

3．搜索引擎

在 Internet 上有一类专门用来帮助用户查找信息的网站，称为搜索引擎，它可以帮助用户在浩瀚的 Internet 信息海洋中找到所需的信息。常见的搜索引擎有百度、360 搜索等专业搜索引擎和门户网站的搜索引擎。

4．网址导航

从搜索引擎搜索出来的网页鱼龙混杂，在为用户带来方便的同时，也隐藏着一定的风险。使用网址导航，只检索在各领域比较著名、相对可靠的站点。常见的提供网址导航的站点有 hao123、搜狗网址导航等。

5．历史记录和临时文件

（1）历史记录：历史记录保存有最近访问过的网页信息。

（2）临时记录：是指查看网页时，临时在本机的硬盘上存储这些网页的文件，它们位于文件夹 Temporary Internet Files 内。为此 IE 可以从硬盘上而不是从 Internet 上打开频繁访问或已经查看过的网页，这样就可以使这些网页尽快显示。如果将网页设置为脱机浏览后，网页文件也将同时被存储在计算机上。这样，不必连接到 Internet 就可以查看和显示这些文件。

6．压缩软件使用

经过压缩软件压缩的文件称为压缩文件。压缩的原理是对文件的二进制代码进行压缩，减少相邻的 0、1 代码。比如有 000000，可以把它变成 6 个 0 的写法 60，从而减少该文件的空间。

WinRAR 是目前比较流行的压缩软件之一。它是一个强大的压缩文件管理工具，能备份数据，缩减 E-mail 附件的大小。不仅可以解压缩从 Internet 上下载的 RAR、zip 和其他格式的压缩文件，并且可以创建 RAR 和 zip 格式的压缩文件。

二、使用电子邮件

1．电子邮箱

电子邮箱（E-mail BOX）是通过网络电子邮局为网络客户提供的网络交流电子信息空间。电子邮箱具有存储和收发电子信息的功能，是因特网中最重要的信息交流工具。

在网络中，电子邮箱可以自动接收网络任何电子邮箱所发的电子邮件，并能存储规定大小的多种格式的电子文件。电子邮箱具有单独的网络域名，其电子邮局地址在@后标注。

电子邮箱一般格式为：用户名@域名，即 user@mail.server.name。

其中"user"是收件人的用户名，"mail.server.name"是收件人的电子邮件服务器名或域名。

例如，xyncjx@126.com，其中"xyncjx"是收件人的用户名，"@"（读作"at"）用于连接用户名和电子邮件服务器名，是电子邮箱的标志符号，"126.com"表示提供电子邮件服务的域名。

邮件服务商主要分为两类：一类主要针对个人用户提供个人免费电子邮箱服务，另一类针对企业提供付费企业电子邮箱服务。对于个人免费电子邮箱，注册后可立刻使用。

2．电子邮件的格式

一封完整的电子邮件都由两个基本部分组成：信头和信体。

（1）信头一般有下面几个部分。

① 收信人，即收信人的电子邮件地址。

② 抄送，表示同时可以收到该邮件的其他人的电子邮件地址，可有多个。

③ 主题，概括地描述该邮件内容，可以是一个词，也可以是一句话或几句话，由发信人自拟。

（2）信体。信体是希望收件人看到的信件内容，有时信件体还可以包含附件。附件是含在一封信件里的一个或多个计算机文件，附件可以从信件上分离出来，成为独立的计算机文件。

任务实施

一、信息浏览与获取

1．启动 IE 浏览器

单击任务栏的 IE 浏览器图标，打开如图 3-15 所示的 IE 浏览器窗口。

或者，单击"开始"→"所有程序"→"Internet Explorer"命令，打开 IE 浏览器。

2．浏览网页

访问新浪网。

步骤 1：在 IE 浏览器窗口的地址栏中输入相应网址 www.sina.com.cn。

步骤 2：按 Enter 键，实现对新浪网站的浏览，如图 3-16 所示。

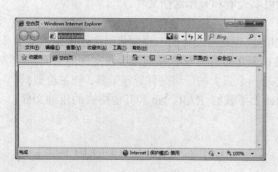

图 3-15　IE 浏览器窗口

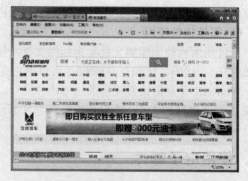

图 3-16　IE 浏览器浏览"新浪"网站窗口

步骤 3：浏览区中显示的是超文本网页，移动鼠标至有超链接的位置，光标变为"👆"状态，单击可自动实现页面之间的跳转。单击"教育"超链接，使浏览器窗口自动跳转到相应页面，如图 3-17 所示。

步骤 4：如果要回到查看过的页面，可以通过单击工具栏中的"⬅后退"按钮来实现。

3．使用 IE 收藏夹

将新浪网站的"教育"频道添加到收藏夹。

步骤 1：打开并访问要添加到收藏夹的页面。

步骤 2：单击工具栏中的"☆"按钮后选择"添加至收藏夹"命令，或者，右键单击页面，在弹出的快捷菜单中选择"添加到收藏夹"命令，弹出"添加收藏"对话框，如图 3-18 所示。

步骤 3：单击"添加"按钮。

步骤 4：如下次需要进入该网站时，只需单击"收藏夹"选项卡，选择相应要打开的网站即可。

图 3-17　页面之间的跳转

图 3-18　"添加到收藏夹"对话框

4．设置 IE 浏览器默认主页

步骤 1：在 IE 浏览器窗口中，选择"工具"→"Internet 选项"命令，打开如图 3-19 所示的"Internet 选项"对话框。

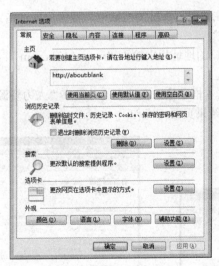

图 3-19　"Intenet 选项"对话框

步骤 2：在"常规"选项卡中的"主页"文本框中输入新浪网站的网址"http://www.sina.com.cn"。

步骤 3：单击"确定"按钮，将该网页设置为 IE 浏览器默认主页。再次启动 IE 浏览器时，就会首先打开新浪网站的主页。

单击"使用当前页"按钮，则将当前正打开的网页作为 IE 浏览器的主页；单击"使用空白页"按钮，则将 IE 浏览器的主页设置为空白页，每次打开 IE 浏览器，都只在地址栏显示"about:blank"，没有任何网页被打开。

5. 查看最近访问过的网站

步骤 1：单击 IE 浏览器窗口中的工具栏上的"☆"按钮，将在 IE 浏览器的左侧显示"历史记录"窗格。

步骤 2：单击"历史记录"选项卡，再单击"今天"，则在其下方显示今天曾经访问过的网站，如图 3-20 所示。

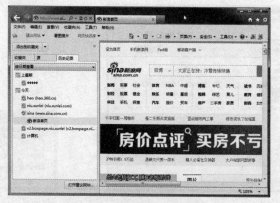

图 3-20 "历史记录"访问框

 在历史记录中，可以按照"日期"、"站点"、"访问次数"、"今天的访问顺序"来进行查看，方便快速定位到指定网站。

"搜索历史记录"，可以在曾经打开过的网站中，搜索出现过指定内容的网站。

6. 使用搜索引擎

步骤 1：在 IE 浏览器窗口的地址栏中输入"www.baidu.com"，按 Enter 键，打开"百度"网站主页，如图 3-21 所示。

步骤 2：在百度主页的文本框中输入要搜索的关键字"人力资源表格"，单击"百度一下"按钮，出现如图 3-22 所示搜索结果页面。

图 3-21 百度搜索主页

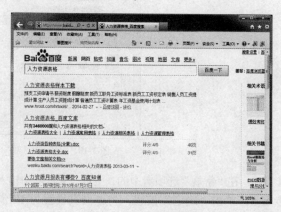

图 3-22 搜索结果页面

步骤 3：从列出的网页中单击"人力资源表格样本下载"超链接，可访问如图 3-23 所示页面。

7．保存网络资料

（1）网页的保存

步骤 1：在浏览器窗口中单击工具栏上的"![]"按钮，在下拉列表中选择菜单"文件"→"另存为…"(如图 3-24 所示)，弹出"保存网页"对话框。

图 3-23 访问链接页面

图 3-24 网页保存

步骤 2：在对话框的"保存类型"下拉列表中选择网页保存的格式，如保存为"网页，全部（*.htm;*.html)"，系统就会自动将这个网页的所有内容下载并存储到本地硬盘，并将其中所带的图片和其他格式的文件存储到一个与文件名同名的文件夹中。

步骤 3：选择保存文件的位置，输入保存的文件名，如图 3-25 所示。

步骤 4：单击"保存"按钮，会出现保存进度窗口，当进度达到 100%时，完成保存操作。

（2）网页的文本保存

步骤 1：选中网页的全部或部分内容后单击鼠标右键，如图 3-26 所示，在弹出的快捷菜单中选择"复制"命令，将所选内容放在 Windows 的剪贴板上。

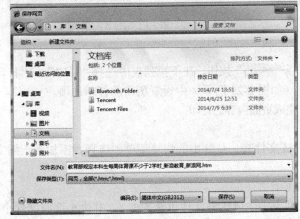

图 3-25 "另存为"对话框

图 3-26 网页文本保存

步骤2：通过"粘贴"命令插入 Windows 的其他应用程序中。打开"记事本"程序，单击鼠标右键，在弹出的快捷菜单中选择"粘贴"命令，用"Ctrl+S"组合键保存。

（3）图片的保存

步骤1：在该图片上右键单击，在弹出的快捷菜单中选择"图片另存为"命令。

步骤2：在弹出的"保存图片"对话框中，选择保存文件的位置，输入保存的文件名。

步骤3：单击"保存"按钮保存图片至本地硬盘中，如图 3-27 所示。

图 3-27　网页图片保存

（4）在某些网页中还提供直接下载文件的超链接

步骤1：在页面上单击要下载文件的超链接，弹出"文件下载"对话框，如图 3-28 所示。

步骤2：单击"保存"按钮，选择文件下载完成后的保存位置并保存文件。

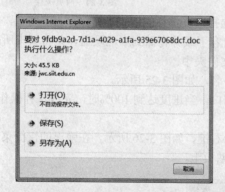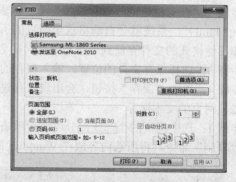

图 3-28　"文件下载"对话框　　　　　　　图 3-29　"打印"对话框

8．打印网页内容

步骤1：在浏览器窗口中单击工具栏" 🖶 ▾ "按钮，在下拉列表中选择"打印"→"打印…"。

步骤2：在弹出的"打印"对话框（如图 3-29 所示）中设置所需的打印选项。

步骤3：单击"打印"按钮，即可完成页面内容的打印。

9．压缩下载的文档

步骤 1：右键单击所要压缩的文件或文件夹，从弹出的快捷菜单中选择"添加到压缩文件"命令，打开如图 3-30 所示的对话框。

步骤2：单击"确定"按钮，开始压缩文件。

步骤3：压缩完成后，会在当前文件夹中生成压缩文件包 📄OK.rar　，其大小比原文件小得多。

图3-30 "压缩文件名和参数"对话框

 提示

解压缩的方法：右击要解压缩的文件，在弹出的快捷菜单中选择"解压到"指定位置，或者是选择其他压缩软件进行解压。

10. 清除历史记录与临时文件

步骤1：在如图3-19所示的"Internet选项"对话框中单击"删除"按钮。

步骤2：弹出"删除浏览的历史记录"对话框，选择要删除浏览记录类型，单击"删除"按钮。

二、使用电子邮箱

1. 申请免费电子邮箱

在网易中申请126免费邮箱。

步骤1：双击桌面IE浏览器图标，打开IE浏览器，在地址栏输入"www.126.com"，则进入网易126免费邮箱的主页面，如图3-31所示。

步骤2：在主页面中，单击"注册"按钮，进入如图3-32所示的126免费电子邮箱的注册界面，在"用户名"对应的文本框中输入一个正确的名称，如果用户名可用，将会在它下方显示"恭喜，该邮箱地址可注册"。在名称右方可以选择注册"163.com"、"126.com"、"yeah.net"这3个邮箱，这里选择"126.com"，组成了"用户名@126.com"的邮箱地址。

图3-31 免费电子邮箱的主页面

图3-32 注册电子邮箱界面

步骤 3：根据注册界面的提示，在带"*"号所对应的栏目中，填入相应的信息，包括密码、确认密码、校验码等，最后单击"立即注册"按钮，完成注册，弹出显示"注册成功！"的网页，注册成功后便拥有了"用户名@126.com"的邮箱地址。

2．发送普通电子邮件

步骤 1：打开 IE 浏览器，在地址栏输入"www.126.com"，打开网易 126 邮箱网站的主页。根据页面的提示，输入刚才注册成功的邮箱的用户名和密码。

步骤 2：单击"登录"按钮，进入该邮箱。邮箱主界面如图 3-33 所示。单击左侧的"收件箱"，能够看到此邮箱里有两封未读邮件，是由网易邮件中心自动发出，以确认电子邮箱申请成功的。

步骤 3：单击左侧"写信"按钮，显示如图 3-34 所示，在"主题"栏中输入"测试"，在"内容"文本框内输入信函内容。

图 3-33　电子邮箱主界面

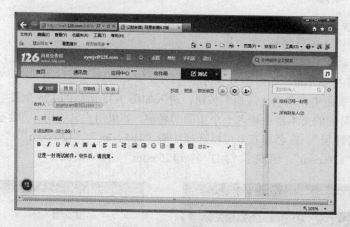

图 3-34　写新邮件界面

步骤 4：完成邮件内容的撰写后，单击"发送"按钮发送邮件。

对于尚未完全撰写好的邮件，可单击"存草稿"按钮，该邮件将保存在"草稿箱"文件夹中，待以后做进一步修改后再发送。

3. 发送带附件的电子邮件

一般来说，邮件的应用除了普通内容的发送之外，还有一种情况是通过邮件把本地的文件以附件的形式传送到对方。

步骤 1：完成普通邮件收发测试之后，再次单击"写信"按钮，输入收件人地址，输入主题"资料"，在下面的"内容"文本框中输入信件内容，如图 3-35 所示。

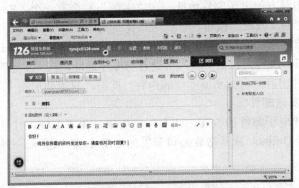

图 3-35 撰写带附件的邮件

步骤 2：单击如图 3-35 所示的"添加附件"选项，打开如图 3-36 所示的"选择要上载的文件"对话框，选择前面压缩的文件"OK.rar"。

图 3-36 "选择要上载的文件"对话框

步骤 3：单击"打开"按钮，返回如图 3-37 所示的界面。将会看到需要传送的文件以附件形式保存等待单击"发送"按钮后上传。此时，可以重复操作添加多个附件，或者删除待发送附件。

单击"发送"按钮，完成带附件邮件的发送。

4. 阅读、回复、转发电子邮件

步骤 1：在登录后的电子邮箱界面左侧单击"收信"超链接，显示收信界面。

　　步骤 2：查看邮件列表，单击收件箱邮件列表中要阅读的邮件主题或发件人即可阅读邮件正文内容，如有附件也会显示出来。

　　步骤 3：如果邮件包含附件，在邮件中将显示附件的名称、大小，单击"预览"或"打开"按钮，可查看附件内容，单击"下载"按钮，可将附件下载并保存到电脑上。

　　步骤 4：如果想回复该邮件，则单击工具栏上的"回复"按钮，打开回复邮件窗口，在收件人地址栏，会自动添加对方的电子邮件地址，在"主题"栏会有一个"Re："的字样，输入回复信息后，单击工具栏上的"发送"按钮。

　　步骤 5：如果想转发该邮件，单击工具栏上的"转发"按钮，即可打开转发邮件窗口。按照撰写新邮件的方法，在"收件人"栏，输入接受方的邮件地址，在"主题"栏，会自动添加一个"Fw："的字样。在邮件内容区会显示原邮件的内容，此时，只需要单击"发送"即完成转发。

5. 使用 Outlook 发送邮件

　　前面的操作是在线电子邮件的收发，在实际使用中，为了方便，往往会使用专门的软件来进行电子邮件的收发，Outlook 就是微软公司开发的 Office 套件之一，专用于电子邮件的管理。

图 3-37　完成添加附件

　　步骤 1：启动 Outlook 程序。单击"开始"→"所有程序"→"Microsoft Office"→"Microsoft Outlook 2010"命令，启动 Outlook 程序，如图 3-38 所示。

　　步骤 2：单击"下一步"按钮，进入如图 3-39 所示的电子邮件帐户设置界面，选择"是"单选按钮。

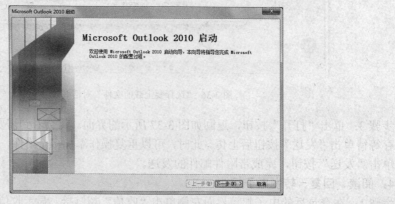

图 3-38　Outlook 启动界面

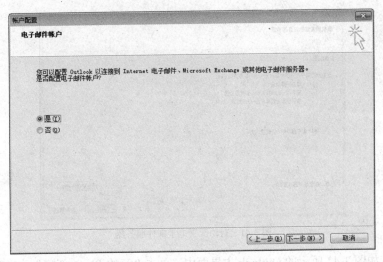

图 3-39　"电子邮件帐户设置"界面

步骤 3：单击"下一步"按钮，进行邮件帐户的自动设置，出现如图 3-40 所示界面，输入姓名和电子邮件地址，作为发件人的基本信息。

 默认情况下，Microsoft Outlook 2010 可以自动为用户进行电子邮箱服务器帐户配置，如果选择"手动配置服务器或其他服务器类型"按钮，将进入手动配置服务器界面。

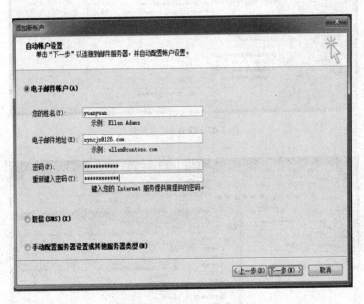

图 3-40　设置电子邮件信息

步骤 4：单击"下一步"按钮，等待几分钟之后，Outlook 将会自动配置电子邮件服务器设置，如图 3-41 所示，单击"完成"按钮。完成设置显示如图 3-42 所示 Outlook 主界面。

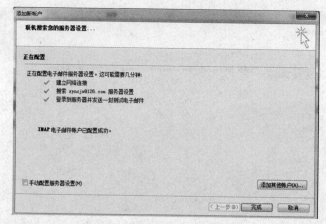

图 3-41　自动配置电子邮件服务器

步骤 5：在如图 3-42 所示的 Outlook 主界面中，单击"开始"→"新建"→"新建电子邮件"按钮，显示如图 3-43 所示的写新邮件窗口。分别添加收件人、主题、附件和信函内容后，单击"邮件"→"添加"→"附加文件"，选择附加的文件位置和文件名称，单击"发送"按钮，完成电子邮件的发送。

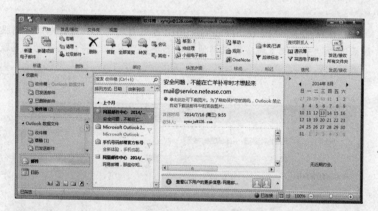

图 3-42　Outlook 主界面

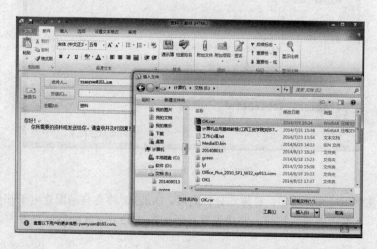

图 3-43　撰写新邮件窗口

项目四 4 使用 Word 2010

项目引入

学习 Word 2010 的使用方法，利用它制作各种形式的文档，如报告、说明书、宣传册、论文、简历、海报、杂志和图书等，满足日常办公和生活的需要。

学习目标

- 掌握 Word 2010 文档的基本操作
- 掌握设置文档字符格式、段落格式，以及设置边框和底纹等操作
- 掌握设置文档页面和打印文档的操作
- 掌握在文档中创建和编辑表格的操作
- 掌握图文混排的操作
- 掌握 Word 2010 高级排版技巧，如设置页眉和页脚、分栏等

任务一 Word 2010 使用基础

相关知识

一、启动和退出 Word 2010

1. 启动 Word 2010

下面介绍几种最常用的方法。

（1）单击"开始"→"所有程序"→"Microsoft Office"→"Microsoft Word 2010"，如图 4-1 所示。

（2）如果桌面上有 Word 2010 的快捷图标 ，可双击它启动 Word 2010。

（3）双击某个 Word 文档，也可启动 Word 2010。

2. 退出 Word 2010

退出 Word 2010 的常用方法有：

（1）单击 Word 2010 窗口左上角的"文件"→"退出"命令。

（2）单击 Word 2010 窗口右上角的"关闭" ❌ 按钮。

（3）单击 Word 2010 窗口左上角的"快速访问工具栏"中"Ｗ"按钮列表中的"关闭"。

若同时打开了多个 Word 文档，使用第 1 种方法退出 Word 2010 时，将关闭所有打开的文档并退出 Word 2010；使用第 2、第 3 种方法退出

图 4-1　Word 2010 启动

时,将只关闭当前文档窗口,其他文档窗口依然保持正常的工作状态。

二、认识 Word 2010 的基本界面

启动 Word 2010 后,屏幕上显示的是它的操作界面,如图 4-2 所示。其中包括快速访问工具栏、标题栏、功能区、编辑区和状态栏等组成元素。

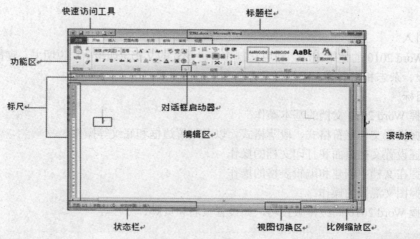

图 4-2　Word 2010 操作界面

1．快速访问工具栏

主要包括一些常用命令。默认情况下,该工具栏包含了"保存" 、"撤销" 和"重复" 按钮。单击快速访问工具栏的最右端的" 下拉"按钮,可以添加其他常用命令。

2．标题栏

显示当前程序与文件名称(首次打开程序,默认文件名为"文档 1")和一些窗口控制按钮。标题栏右侧的 3 个窗口控制按钮 ,可将程序窗口最小化、还原或最大化、关闭。

3．功能区

用选项卡的方式分类放置编排文档时所需的常用工具(光标放置在某个工具上时,会显示该工具的功能和快捷键)。单击功能区中的选项卡标签可切换到不同的选项卡,从而显示不同的工具。在每个选项卡中,工具又被分类放置在不同的组中,如图 4-3 所示。某些组的右下角有个"对话框启动器"按钮。

图 4-3　功能区组成

4．对话框启动器

单击功能区中选项组右下角的"对话框启动器" ,即可打开该功能区域对应的对话框或任

务窗格。如单击"字体"组右下角的"对话框启动器" 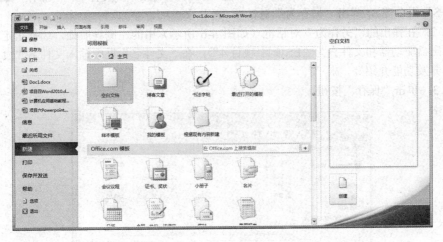，可打开"字体"对话框。

5．编辑区

编辑区是用户进行文本输入、编辑和排版的区域。在编辑区中有一个不停闪烁的"|"（光标，也称插入点，用来指明当前的编辑位置）。

6．标尺

分为水平标尺和垂直标尺，主要用于确定文档内容在纸张上的位置和设置段落缩进等。单击垂直滚动条最上面的"标尺"按钮，可显示或隐藏标尺。

7．状态栏

状态栏用来显示正在编辑文档的状态和相关信息。

8．视图切换区

视图切换区用于更改正在编辑的文档的显示模式。

9．比例缩放区

比例缩放区用于更改正在编辑的文档的显示比例。

10．滚动条

使用水平或垂直滚动条，可滚动浏览整个文件。

任务实施

一、新建空白文档

步骤 1：单击菜单"文件"→"新建"命令（或按"Ctrl＋N"组合键），打开如图 4-4 所示的窗口。

步骤 2：在中间"可用模板"列表中单击选择要使用的模板"空白文档"按钮。

步骤 3：在右侧出现选中的模板，单击"创建"按钮，可创建空白文档。

图 4-4　使用"文件"选项卡新建文档

另外，还有如下几种方法：

- 启动 Word 2010 时，程序会自动新建一个空白文档。
- 单击"自定义快速访问工具栏"上的"新建"按钮，可快速创建空白文档。
- 打开"计算机"窗口的某个盘符或文件夹，选择菜单"文件"菜单→"新建"→"Microsoft Word

文档"命令，如图 4-5 所示，新建一个待修改文件名的 Word 文档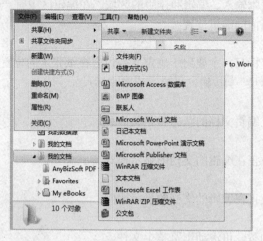，这时输入文件名，即可得到新建的空白文档。

图 4-5　在资源管理器中新建 Word 2010 文档

　　Word 2010 中内置了许多模板，包括博客文章、书法字帖、Office.com 模板组等，可以选择这些模板，快速创建需要的文档。还可以从 Office.com 网站下载更多模板。

二、保存文件

步骤 1：单击快速访问工具栏的"保存"█按钮，或单击菜单"文件"→"保存"█按钮（或按"Ctrl+S"组合键），弹出"另存为"对话框。

步骤 2：在弹出的"另存为"对话框（如图 4-6 所示）中的左侧导航处，选择指定文档的保存位置（磁盘驱动器和文件夹为"E:\项目\项目 4"），在"文件名"框中输入文件名"食用菌深加工产品营养及功能介绍"。

步骤 3：单击"保存"按钮。

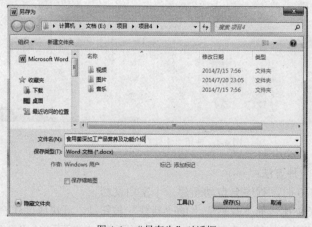

图 4-6　"另存为"对话框

1．文件选项卡中 "保存"与"另存为"的区别

（1）保存：将文件保存到上一次指定的文件名称及位置，会以新编辑的内容覆盖原有文档内容。

（2）另存为：将文件以新文件名、位置或保存类型保存，原文档不会发生改变。在第一次对文件进行保存时，会出现"另存为"对话框。

2．Word 文件保存

Word 文件可以使用多种类型来保存，在保存时可以在"另存为"对话框中选择"保存类型"。不同的文件类型对应的扩展名、图标一般不相同。如：默认类型为"Word 文档"，对应扩展名为".docx"，图标为"⬚"。

 提示：　养成每隔一段时间就保存文档的好习惯！此外，还可以利用文档自动保存功能：单击菜单"文件"→"⬚选项"按钮，在"Word 选项"对话框中的"保存"选项卡中将"保存自动恢复信息时间间隔"设置为间隔值（默认为 10 分钟），如图 4-7 所示，Word 2010 就会自动每隔一段时间保存一次。

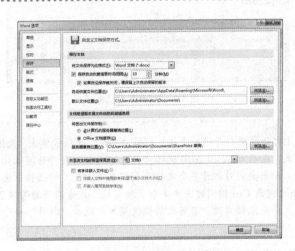

图 4-7 "自动保存"设置

三、关闭文档

步骤 1：保存要关闭的文档。

步骤 2：单击菜单"文件"→"⬚ 关闭"按钮。

另外，还可以退出 Word 2010 程序，使程序窗口和文档窗口一起关闭。

 提示：　关闭文档或退出 Word 程序时，若文档经修改后尚未保存，系统将弹出提示对话框，提醒用户保存文档，如图 4-8 所示。单击"保存"按钮，则保存文档；单击"不保存"按钮，则直接关闭文档；单击"取消"按钮，则取消关闭文档操作，回到文档编辑窗口。

图 4-8　关闭文档

四、打开文档

步骤 1：单击菜单"文件"→" 打开 "按钮（或按"Ctrll+O"组合键），弹出" 打开"对话框，如图 4-9 所示。

步骤 2：在对话框中选择文档所在位置（磁盘驱动器和文件夹），在文件名列表中选择要打开的文档名。

步骤 3：单击"打开"按钮。

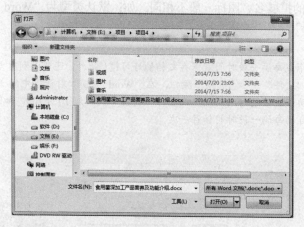

图 4-9 "打开"对话框

（1）打开最近打开过的文档。利用"文件"选项卡单击"最近所有文档"命令显示的文档列表，或启动 Word 2010 时的"最近"文档列表，如图 4-10 所示。

（2）如果要同时打开多个文档。利用在"打开"对话框中选择打开文档所在位置时，按下 Shift 键或 Ctrl 键同时选中多个文档实现；或者在资源管理器中，选中它们，在选中的区域上单击鼠标右键，在弹出的快捷菜单中选择"打开"命令。

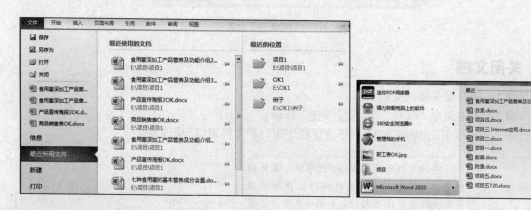

图 4-10 "最近所有"文档

五、保护文档

Word 文档往往会发布给其他用户使用，为避免随意修改，通常会给文档设置密码保护，使文档只具有读的权限。还有一些文档不想随意让人复制粘贴，可以禁止复制粘贴。

步骤1：单击"文件"选项卡中的"信息"。

步骤2：在"权限"中，单击"保护文档" ，出现以下选项。

- 标记为最终状态：将文档标记为最终状态后，将禁用或关闭键入、编辑命令和校对标记，并且文档将变为只读。"标记为最终状态"有助于让其他人了解到您正在共享已完成的文档版本。
- 用密码进行加密： 如果选择"用密码进行加密"，将显示"加密文档"对话框。在"密码"框中键入密码。
- 限制编辑：控制可对文档进行哪些类型的更改，如果选择"限制编辑"，将显示三个选项。
  - "格式设置限制"：此选项用于减少格式设置选项，同时保持统一的外观。单击"设置"选择允许的样式。
  - "编辑限制"：控制编辑文件的方式，也可以禁用编辑。单击"例外项"或"其他用户"可控制谁能够进行编辑。
  - "启动强制保护"：单击"是，启动强制保护"可选择密码保护或用户身份验证。此外，还可以单击"限制权限"添加或删除具有受限权限的编辑人员。
- 按人员限制权限：使用 Windows Live ID 限制权限，使 Windows Live ID 或 Microsoft Windows 账户可以限制权限。可以通过组织所用模板应用权限，也可以单击"限制访问"添加权限。
- 添加数字签名：添加可见或不可见的数字签名。

任务二 文档录入与编辑

相关知识

一、Word 文档的视图

Word 2010 中提供了多种视图模式供用户选择，这些视图模式包括页面视图、阅读版式视图、Web 版式视图、大纲视图和草稿视图五种视图模式。

可以在"视图"选项卡中选择需要的文档视图模式，也可以在 Word 2010 文档窗口的右下方单击视图按钮选择视图。

- 页面视图。页面视图可以显示 Word 2010 文档打印出来的效果，主要包括页眉、页脚、图形对象、分栏设置、页面边距等元素，是最接近打印结果的页面视图。
- Web 版式视图。Web 版式视图以网页的形式显示 Word 2010 文档。Web 版式视图适用于发送电子邮件和创建网页。
- 阅读版式视图。阅读版式视图以图书的分栏样式显示 Word 2010 文档。"文件"按钮、功能区等窗口元素被隐藏起来。在阅读版式视图中，用户还可以选择菜单"工具"按钮选择各种阅读工具。
- 大纲视图。大纲视图主要用于 Word 2010 文档的设置和显示标题的层级结构，并可以方便地折叠和展开各种层级的文档。大纲视图广泛用于 Word 2010 长文档的快速浏览和设置。
- 草稿视图。草稿视图取消了页边距、分栏、页眉、页脚和图片等元素，仅显示标题和正文，是最节省计算机系统硬件资源的视图方式。当然现在计算机系统的硬件配置都比较高，基本上不存在由于硬件配置偏低而使 Word 2010 运行遇到障碍的问题。

二、输入文本

选择一种输入法后，就可以在 Word 文档中输入文本。对于计算机键盘不能输入的特殊符号，可以利用软键盘或 Word 2010 的插入符号功能输入。文本也可以进行修改、增加或删除。

三、光标

输入和编辑文档时，在文档编辑区始终有一个闪烁的竖线"|"，称为光标。

光标用来定位要在文档中输入或插入的文字、符号和图像等内容的位置。因此，在文档中输入或插入各种内容前，首先要将光标移动到需要的位置。

四、撤销和重复

当用户在进行文档录入、编辑或其他处理时，Word 2010 会将将用户所做的操作记录下来，如果用户出现错误的操作，则可以通过"快速访问工具栏"中的"撤销输入"按钮 将错误的操作取消，还可以利用该栏中的"重复输入"按钮 恢复到"撤销输入"之前的内容。

任务实施

打开上一个任务新建的"E:\项目\项目 4\食用菌深加工产品营养及功能介绍.docx"文档，在里面输入文本。

一、录入文本和特殊符号

1. 录入中文

步骤 1：选择一种中文输入法，进入相应的中文输入状态。

步骤 2：单击编辑区域，定位光标，使用键盘输入文本、中文标点符号。

2. 录入大小写英文

步骤 1：按 Ctrl+空格键，切换中英文输入法，变成英文输入状态。

步骤 2：输入大写英文字符。按 Capslock 键，按下相应字母键；或者按住 Shift 键不放，同时按住相应字母键。

步骤 3：输入小写英文字符，如图 4-11 所示。

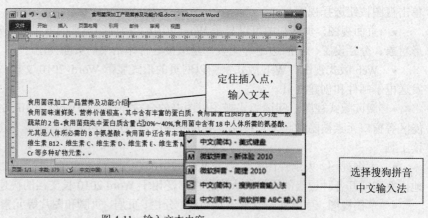

图 4-11 输入文本内容

3．录入特殊符号

利用计算机键盘可以轻松地输入常用的标点符号、字母、数字，如果需要插入计算机键盘外的其他符号，则需要通过软键盘或"插入符号"功能来完成。

（1）插入符号

在该文档的第一行中，行首和行尾要插入"※"符号。

步骤 1：单击第一行"食用……"前（行首）要插入符号位置，定位光标，如图 4-11 所示。

步骤 2：单击"插入"→"符号"→"符号" Ω 按钮，在列表中单击所需的符号。如果没有，则单击"其他符号"按钮，如图 4-12 所示。

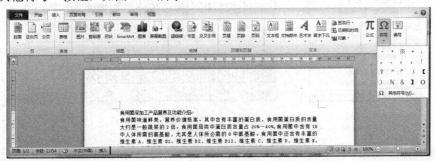

图 4-12　执行"其他符号"命令

步骤 3：在弹出的"符号"对话框中，单击"符号"选项卡，在"字体"列表中选择相应的字体，在"子集"中选择相应的子集，然后单击要插入的符号，如图 4-13 所示。

步骤 4：单击"插入"按钮，即可在行首插入"※"符号。

步骤 5：单击第一行"……功能"后（行尾）要插入符号位置，定位光标。重复步骤 2～步骤 4。在行尾插入"※"符号。

（2）软键盘

在该文档的"食用菌的药用保健价值有："段落中，要插入序号"①②③"等。效果如图 4-14 所示。

图 4-13　"符号"对话框

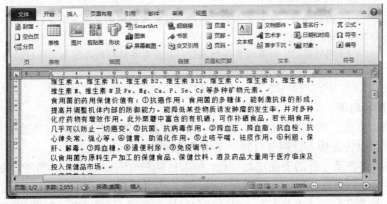

图 4-14　"序号"效果

步骤 1：单击要插入"①"符号位置，定住光标。

步骤 2：右击输入法状态中的"软键盘"按钮 ⌨，单击"数字序号"，打开相应的软键盘，如图 4-15 所示。

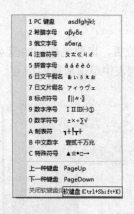
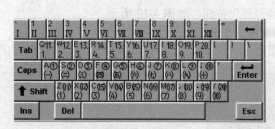

图 4-15 "数字序号"软键盘

步骤 3：单击"①"键。

步骤 4：鼠标移动至下一处需要插入序号的位置，单击相应序号键。

步骤 5：用软键盘完成所有序号输入后，右键单击输入法状态栏中的"软键盘"按钮 ⌨，选择"计算机键盘"，返回基本的计算机键盘。

步骤 6：单击"软键盘"按钮 ⌨，隐藏软键盘。

一般地，计算机键盘上不能直接输入的特殊符号，先考虑用软键盘输入。如果软键盘也不能输入，则必须使用"插入"功能来完成。

4．换行

步骤 1：鼠标移动单击要换行的位置，定住光标。

步骤 2：按 Enter 键。文档自动产生一个段落标记符"⏎"，并且换行，光标"I"在新段的新行中闪烁。

换行还有其他情况。

（1）自动换行。录入文本时，在同一段文本之间不需要手动分行；当输入内容超过一行时，Word 会自动换行。

（2）同段换行。如果需要强制换行，并且需要该行的内容与上一行的内容保持一个段落属性，可以按"Shift+ Enter"组合键来完成。

5．插入日期和时间

在制作合同、信函、通知类的办公文档时，通常需要在文档的末尾输入当前的日期与时间。在 Word 2010 中可以快速插入日期与时间，不用手动输入。

在文档中，需要在第一行的下面增加一行，插入日期和时间，如图 4-16 所示。操作步骤如下：

步骤 1：移动光标至第一行的行尾，按 Enter 键，产生新的一行。单击新行，定位光标。

步骤 2：单击"插入"→"文本"→"日期和时间"按钮 📅 日期和时间，如图 4-16 所示。

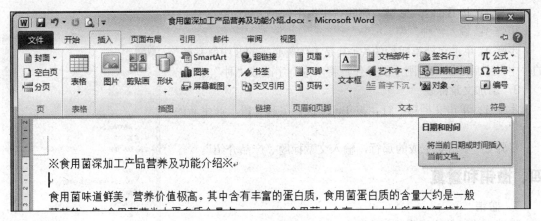

图 4-16　插入"日期和时间"

步骤 3：在弹出的"日期和时间"对话框中，在"可用格式"列表中选择日期格式，在"语言（国家/地区）"下拉列表中选择语言，给复选框"自动"更新打勾。单击"确定"按钮，按选择的格式插入日记和时间，如图 4-17 所示。

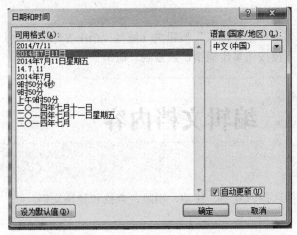

图 4-17　"日期和时间"对话框

二、移动光标

移动光标，只需移动鼠标"I"形指针到文档中所需位置，然后单击即可。也可以使用键盘上的上下左右键移动。

如果文档内容较长，可以通过拖动滚动条，或滚动鼠标滚轮，将要编辑的位置显示在文档窗口中，然后再在需要的位置上单击鼠标，则光标会移到这个位置上。

三、增加、修改和删除文本

1．删除文本

步骤 1：单击文档第一行，定位光标。

步骤 2：连续按 Backspace 键，删除"介绍"。

2．修改文本

步骤 1：单击文档第三行的"食用菌中会有 18 中人体所需的"的"中"字后边。

步骤 2：按 Backspace 键，删除"中"字。

步骤 3：输入"种"字。

步骤 4：单击文档第四行的"尤其是人体所必需的 8 中氨基酸"的"中"字后边。重复刚才的操作，将"中"字改成"种"字。

3. 增加文章标题

步骤 1：单击文档第一行，按 Enter 键，另起一段，产生新的一行。

步骤 2：单击新生成的那行，输入文章标题"产品介绍"。

四、撤销和重复

1. 撤销

撤销一步：单击"撤销键入"按钮 ↶ ▾ （或按"Ctrl+Z"组合键）。重复执行此命令可撤销多步操作。

撤销多步：单击"撤销键入"按钮右侧的下拉按钮，在弹出的下拉列表中选择要撤销的操作，则该操作及其后的所有操作都撤销，如图 4-18 所示。

图 4-18 "撤销"操作

2. 重复

类似于撤销操作。单击"重复键入"按钮 ↻ （或按"Ctrl+Y"组合键）逐步撤销或使用"重复键入"按钮 ↻ 右侧的下拉按钮多步撤销，恢复到"撤销"之前的内容。

任务三 编辑文档内容

相关知识

编辑文本的操作包括选择、复制、移动、删除、查找和替换文档。

一、选定文本

在对 Word 中的文档进行编辑和格式设置操作时，应遵循"先选择，再操作"的原则。被选中的文本呈反白显示。常见的选择文本的方法如下。

1. 利用鼠标选定文本。

有多种方法实现不同范围文本的选定：

（1）最常用的方法是将光标放置到要选定的文本的开始处，按下左键并扫过要选定的文本，当拖动到选定的文本的末尾时，松开鼠标。

（2）选取一行或多行文本：将光标定位在文档的选定栏内（即文档编辑区的左侧，紧挨垂直标尺的空白区域），光标变成"⌐⌐"形状，通过纵向拖动可以实现整行或多行文本的选定。

（3）选取一段文本：在段落中任何一个位置，连续按 3 下鼠标左键。

（4）选取所有内容：单击"编辑"→"全选"命令，或使用"Ctrl+A"组合键。

（5）选取少量文本：将鼠标移至需选取文本的首字符处，使用鼠标左键拖动至欲选取的范围。

（6）选取大量文本：将鼠标移至需选取文本的首字符处并单击鼠标左键，然后按住 Shift 键的同时，在要选取文本的结束处单击鼠标左键。

（7）不连续选取文本：先用选取少量文本的方法，选取第一部分连续的文本；然后按住 Ctrl 键不放，继续使用鼠标左键拖动选取另外区域，直到选取结束释放鼠标。

（8）以列为单位选取文本：按住 Alt 键，使用鼠标拖动的方式选定一块矩形文本。

2．利用键盘选定文本

利用键盘选定文本可以通过编辑键与 Shift 键和 Ctrl 键的组合来实现，常用的方法见表 4-1。

表 4-1　　　　　　　　　　　　　利用键盘选定文本

按 键 组 合	选 定 内 容
Shift+↑	向上选定 1 行
Shift+↓	向下选定 1 行
Shift+←	向左选定 1 个字符
Shift+→	向右选定 1 个字符
Shift+Ctrl+↑	选定内容扩展至段落首
Shift+Ctrl+↓	选定内容扩展至段落尾
Shift+Ctrl+←	选定内容扩展至单词首
Shift+Ctrl+→	选定内容扩展至单词尾
Shift+Home	选定内容扩展至行首
Shift+End	选定内容扩展至行尾
Shift+Ctrl+Home	选定内容扩展至文档首
Shift+Ctrl+End	选定内容扩展至文档尾
Ctrl+A	选定整个文档

二、文本的移动、复制

对文本进行移动或复制有 4 种常用方法：鼠标、按钮命令、快捷菜单和组合键。

1．使用鼠标拖动移动与复制

适用于同一页面短距离的操作：选定要移动或复制的文本后，将鼠标移至被选定的文本上，鼠标指针形状变为向左的空心箭头"↖"，按住鼠标左键并拖动，此时光标变成"↖"，且可以看到一条竖虚线条的光标，将竖虚线拖到目标位置后释放鼠标，即可完成文本的移动。

如果需要完成文本的复制，只需要在鼠标左键拖动的同时，按住 Ctrl 键，注意光标变成"↖"。

2．使用按钮命令移动与复制

选定要移动或复制的文本，切换到"开始"选项卡，如果是移动文本则选择"剪贴板"组中的"剪切"按钮，如果是复制则选择"剪贴板"组中的"复制"按钮，将光标移动至要插入该文本的位置，选择"剪贴板"组的"粘贴"按钮。

3．使用快捷菜单移动与复制

先选定要移动或复制的文本，鼠标移至被选定的文本上，鼠标形状变为向左的空心箭头"↖"，在选中的区域上单击鼠标右键，弹出快捷菜单，如果是移动文本就选择"剪切"，如果是复制文本就选择"复制"，将光标移动到要插入该文本的位置，在选中的区域上单击鼠标右键，在快捷菜单中选择"粘贴"。

4．使用组合键移动与复制

先选定要移动或复制的文本，使用"Ctrl+X"组合键完成文本的剪切或"Ctrl+C"组合键完成文本的复制，最后将光标移动到要插入文本的位置，按"Ctrl+V"组合键完成粘贴操作。

三、粘贴选项

在 Word 文档中，可以设置跨文档粘贴内容时所使用的格式，包括以下三种：

- 保留源格式▧。即与复制的原始内容完全相同，连同文字、格式、样式、表格和图片等。
- 合并格式▧。粘贴得到的内容和 Word 光标所在位置当前的格式一样。
- 只保留文本▣。仅粘贴文本文字，格式、样式、表格和图片等都去掉。

提示　使用鼠标拖动移动或复制文本后，在目标文本处会出现一个粘贴标记"▧(Ctrl)▾"单击该标记，会弹出"粘贴选项"列表以供用户选择。

四、文本的删除

有两种情况：整体删除和逐字删除。

（1）整体删除：先选定要删除的文本，然后按 Delete 键或 Backspace 键。

（2）逐字删除：将光标定在要删除文字的后面，每按一下 Backspace 键可删除光标前面的一个字符；每按一下 Delete 键则可删除光标后面的一个字符。

任务实施

打开"E:\项目\项目 4\食用菌深加工产品营养及功能介绍.docx"文档，编辑文本。

一、移动和复制内容

在文档的"食用菌味道……"段落中，将"食用菌菇类中蛋白质含量……%，"调整到"食用菌蛋白质的含量……倍。"前面。操作步骤如下：

步骤 1：鼠标选中"食用菌菇类中蛋白质含量……%，"。

步骤 2：在选定内容上单击鼠标右键，在弹出的快捷菜单中选择"剪切"命令。

步骤 3：单击"食用菌蛋白质的含量……倍。"的"食"字左边，在选中的区域上单击鼠标右键，执行快捷菜单中"粘贴选项"中的"粘贴"▧，即可将剪切的文本按源格式粘贴到正文相应位置。

步骤 4：打开文档"E:\项目\项目 4\以食用菌为原料生产加工的保健食品.docx"。

步骤 5：按"Ctrl+A"组合键，全选该文档内容，单击"开始"→"剪贴板"→"复制"按钮▧复制。

步骤 6：在任务栏上，切换到"食用菌深加工产品营养及功能介绍.docx"文档。

步骤 7：单击该文档尾处，按下 Enter 键。产生新段新行。

步骤 8：鼠标单击新行，单击"开始"→"剪贴板"→"粘贴"按钮▧。

二、删除内容

在文档的"食用菌味道……"段落中，删除"食用菌蛋白质的含量……倍。"中的"食用菌蛋白质的含量"。具体操作如下：

步骤 1：选中指定段落句子中的"食用菌蛋白质的含量"。

步骤 2：按 Delete 键。

三、查找内容

步骤 1：移动光标，将光标放置在要开始查找的位置，即文档的开头位置。

步骤 2：单击"开始"→"编辑"→"查找"按钮 或在"视图"→"显示"组中勾选"导航窗格"复选框 ☑ 导航窗格 （或按"Ctrl+F"组合键），打开"导航"窗格。

步骤 3：在"导航"窗格的搜索框中输入要查找的文字"功效"，单击"查找选项和其他搜索命令"按钮 ，如图 4-19 所示。

> 提示：可以利用 ▲ ▼ 按钮，显示"上一处搜索结果"或"下一处搜索结果"。

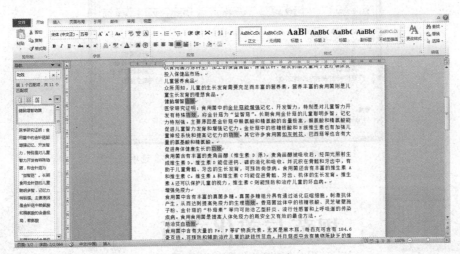

图 4-19 "导航"窗格搜索

四、替换内容

步骤 1：将光标定位在文档中，单击"开始"→"编辑"→"替换"按钮 ，弹出"查找和替换"对话框并自动切换到"替换"选项卡，如图 4-20 所示。

步骤 2：在"查找内容"框中输入需要查找的内容"功效"，在"替换为"框中输入替换后的文本"作用"。

步骤 3：单击"全部替换"按钮，一次性替换所有符合查找条件的内容，如图 4-20 所示。

步骤 4：替换完成时，将自动弹出一个提示对话框（如图 4-21 所示），提示 Word 已完成对文本的替换，单击"确定"按钮，关闭提示对话框。

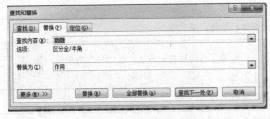

图 4-20 执行"替换"命令

图 4-21 "替换"提示对话框

（1）如果想逐个替换查找到的内容，则单击"替换"按钮；如果不需要替换查找到的当前位置的文本，可单击"查找下一处"按钮跳过该文本并继续查找。

（2）若要进行高级查找和替换操作（如区分英文大小写，区分全角和半角，使用通配符，及特殊格式等），可在"查找和替换"对话框中单击"更多"按钮，展开对话框进行操作，如图 4-22 所示。

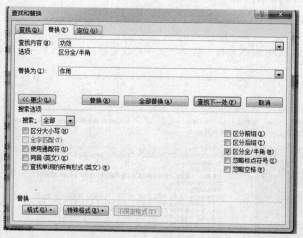

图 4-22　"查找和替换"对话框的"更多"选项

任务四　规范与美化文档

相关知识

一、字符格式化

字符格式是指文本的字体、字形、字号、字色、效果、下划线、着重号、字符间距等。在 Word 2010 中，可使用"开始"选项卡的"字体"组中的相应按钮或"字体"对话框设置字体格式。

1. 字体组常用按钮

"字体"组含有多种基本格式设置按钮，其作用及含义见表 4-2。

表 4-2　　　　　　　　　　　　　　　"字体"组各按钮功能作用

命 令 按 钮	功 能 作 用
华文楷体 ▾	字体列表，用于设置文本字体，如黑体、楷体、隶书等
三号 ▾	字号按钮，设置字符大小，如五号、三号等；有两种表示方法：以"号"为单位，如五号等；以"磅"为单位，如 10、12 等
A⁺ A⁻	增大、减小字号按钮，可快速增大或减小字号
Aa▾	更改大小写按钮，单击可对文档中的英文进行大小写之间的互换

续表

命 令 按 钮	功 能 作 用
	清除格式按钮，单击可将文字格式还原到 Word 默认状态
	拼音指南按钮，单击可给文字注音，且可编辑文字注音的格式，如功能介绍（gōngnéng jièshào）
A	字符边框，可以给文字添加一个线条边框，如 功能介绍
B	加粗按钮，将字符的线型加粗，如**功能介绍**
I	倾斜按钮，将字符进行倾斜，如*功能介绍*
U ▾	下画线按钮，可为字符添加单下画线、双下画线、波浪线等下画线，如功能介绍
abc	删除线按钮，可以给选中的字符添加删除线效果，如功能介绍
X₂ X²	下标和上标按钮，单击可将字符设置为下标和上标，如 H_2，x^2
A ▾	文本效果按钮，可以将选择的文字设置为带艺术效果的文字
▾	突出显示效果按钮，可将文字以突出的底纹显示出来
A ▾	字体颜色按钮，给文档字符设置各种颜色
A	字符底纹按钮，给字符添加底纹效果
⊕	带圈字符，单击可给选中文字添加带圈效果，如菌

2. 字体对话框

另外，还可以通过"字体"对话框对文字效果进行设置，方法是单击"字体"组右下方的"对话框启动器"，在弹出的"字体"对话框中进行设置，如图 4-23 所示。

图 4-23　"字体"对话框

（1）"字体"对话框中的"字体"选项卡

● "所有文字"设置区可设置字体颜色、下画线和着重号，在相应的下拉列表中选择即可。

● "效果"设置区可设置字符的删除线、阴影、上标和下标、空心字等，勾选相应复选框即可。

（2）"字体"对话框中的"高级"选项卡

设置字符在宽度方向上的缩放百分比，以及字符间的距离，字符的上下位置等效果。

二、段落格式

1．段落

段落是以回车符"↵"为结束标记的内容。因此，要设置某一个段落的格式时，可以直接将光标定位在该段落中，执行相关命令即可。要同时设置多个段落的格式时，就需要先选中这些段落，再进行格式设置。

2．段落格式

段落格式主要包括段落的对齐方式、段落缩进、段落间距和行间距等。可使用"开始"选项卡"段落"组中的相应按钮或"段落"对话框设置。

（1）段落组常用按钮

表 4-3　　　　　　　　　　　　　　　段落对齐方式

命令按钮	功能作用
≣ ▾	项目符号。放在文本前的点或其他符号，起到强调作
≣ ▾	编号。放在文本前的序号，用于识别
雪 雪	增加和减少左缩进量
⤬ ▾	中文版式。常用于字符缩放，及字符纵横混排、合并字符、双行合一
≣	左对齐。将文字段落的左边边缘对齐
≣	右对齐。将文字段落的右边边缘对齐
≣	居中对齐。将文字段落正中对齐
▬	两端对齐。将文字段落的左右两端的边缘都对齐
▤	分散对齐。将文字段落加大间距，左右边缘对齐
↕≣ ▾	行和段落间距。行间距：行与行之间的距离，即从一行文字的底部到另一行文字顶部的间距。段间距：段落与段落之间的距离，即从一段文字的底部到另一段文字顶部的间距。包括段前距和段后距
◇ ▾	底纹。背景色
▦ ▾	框线。加框线

段落的缩进方式有四种，其功能作用见表4-4。

表 4-4　　　　　　　　　　　　　　　段落缩进方式

缩进方式	功能作用
左（右）缩进	整个段落中所有行的左（右）边界向右（左）缩进
首行缩进	从一个段落首行第一个字符开始向右缩进，使其区别于前面的段落
悬挂缩进	将整个段落中除了首行外的所有行左边界向右缩进

另外，段落的各种缩进还可以使用水平标尺上相应的滑块，如图 4-24 所示。

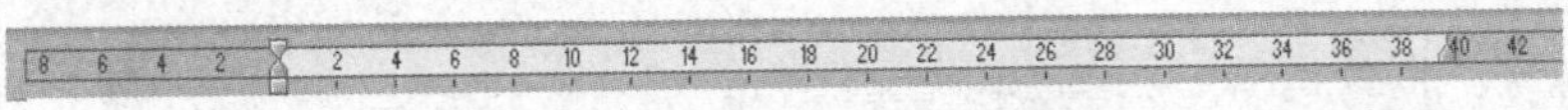

图 4-24　水平标尺实现"段落缩进"

（2）利用对话框

段落的缩进、段间距、行距设置可以通过"段落"对话框，方法是单击"段落"组右下角的"对话框启动器"，在弹出的"段落"对话框中进行设置。

而边框、底纹的设置则可以通过"边框和底纹"对话框，方法是单击"段落"组中"下框线"按钮 □ ▼ 右侧的下拉按钮，在列表中选择"边框和底纹"命令，打开"边框和底纹"对话框。

① 边框分为页面边框、段落边框和字符边框。

- 字符边框：把文字放在框中，以文字的宽度作为边框的宽度，如超过一行，则会以行为单位添加边框线。字符的边框是同时添加上下左右 4 条边框线，所有边框线的格式是一致的。
- 段落边框：是以整个段落的宽度作为边框宽度的矩形框。段落边框还可以任意设置上下左右 4 条边框线的有无及格式。
- 页面边框：是为整个页面添加边框，一般在制作贺卡、节目单等时会用到。

② 在设置底纹时有"填充"和"图案"两部分，其中"图案"部分又分为"样式"和"颜色"。

- "填充"是指对选定范围部分添加背景色；
- "图案"是指对选定范围部分添加前景色，前景色包括各种"样式"。"图案"部分的"样式"，默认为"清除"，是指没有前景色。"图案"部分的"颜色"默认为"黑色"。

三、格式刷

格式刷能够将光标所在位置的所有格式复制到所选文字上面，大大减少了排版的重复劳动。

把光标定位在设置好格式的文字上，单击格式刷 ✔格式刷 ，然后选择需要同样格式的文字，鼠标左键拖取范围选择，松开鼠标左键，格式复制结束。

任务实施

一、字符格式化

1. 设置字符的基本格式

（1）设置字体、字号、字色、字形、下画线

步骤 1：设置标题文字格式：选中文章标题"产品介绍"，单击"字体" 宋体 □ 右边三角，在列表中选择"黑体"，单击"字号" 五号 □ 右边三角，在列表中选择"三号"，单击"文本效果" A ▼ 右边三角，在列表中选择"阴影、向右偏移"。

> **提示**
>
> 字号单位可以是"号"，也可以是"磅"。如五号、10.5（磅）。

步骤 2：设置副标题文字格式：选中副标题"食用菌深加工产品营养及功能"，单击"字体" 宋体 □ 右侧下拉按钮，在列表中选择"隶书"，单击"字号" 五号 □ 右侧下拉按钮，在列表中选择"四号"，单击"加粗" B；

步骤 3：选中"营养及功能"，单击"下划线" U ▼ 右侧下拉按钮，在列表中选择"双下画线"。

步骤 4：选中正文中的所有文字，设置字号小四，如图 4-25 所示。

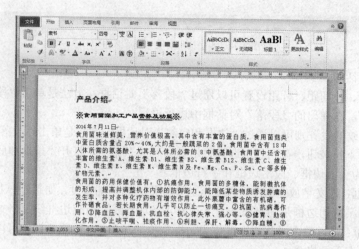

图 4-25　设置文字的基本格式

（2）将文字设置为上标、下标

在文档的"抗肿瘤作用"段落下面的"金针菇多糖的主要成份为 EA3 和 EA6。"句子中，要将数字 3 和 6 设置成为下标文字。

步骤 1：按住 Ctrl 键不放，鼠标选择数字 3 和 6（不连续区域的选择）。

步骤 2：单击"字体"组中的"下标"按钮 x₂，则数字 3 和 6 变成了文字的下标。

2．设置文字的着重号

步骤 1：选中副标题中的"食用菌"文字。

步骤 2：单击"开始"→"字体"组右下角的"对话框启动器"，弹出"字体"对话框。

步骤 3：单击着重号选项下拉按钮，选择着重号，如图 4-26 所示，单击"确定"按钮。

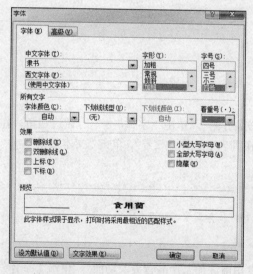

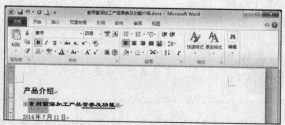

图 4-26　在"字体"对话框中设置着重号

3．设置文字的字符间距

步骤 1：选中标题中的"产品介绍"文字。

步骤 2：单击"开始"→"字体"组右下角的"对话框启动器"，弹出"字体"对话框。切换到"高级"选项卡，在"字符间距"区的"间距"中下拉选择"加宽"，并在"磅值"框中微调或输入 3 磅，如图 4-27 所示。

步骤 3：单击"确定"按钮。

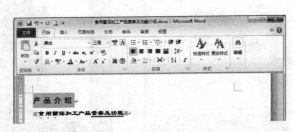

图 4-27 设置字符间距

二、段落格式化

1. 设置段落对齐方式

步骤 1：选定标题段落"产品介绍"和副标题段落"食用菌深加工产品营养及功能"。

步骤 2：单击"开始"→"段落"→"居中" ≡ 按钮。

步骤 3：选中日期，在"段落"组中，选择"右对齐" ▤按钮，如图 4-28 所示。

图 4-28 设置"段落"对齐方式

2. 设置段落缩进方式

步骤 1：选中全部正文文档。

步骤 2：单击"开始"→"段落"组右下角的"对话框启动器"，弹出"段落"对话框，选择"特殊格式"列表中的"首行缩进"选项，磅值处微调或直接输入 2 字符。

段落缩进的单位可以是字符，也可以是厘米，默认是字符。在设置缩进时，如单位不符时，可直接输入数值和相应单位。

步骤 3：单击"确定"按钮，如图 4-29 所示。

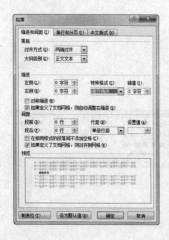
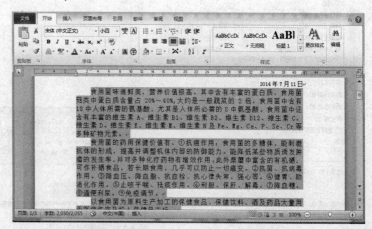

图 4-29　设置正文首行缩进

3．设置段间距与行间距

（1）段间距

步骤 1：选中副标题段落"食用菌深加工产品营养及功能"。

步骤 2：单击"开始"→"段落"组右下角的"对话框启动器"，弹出"段落"对话框，设置"段前"和"段后"为 0.5 行，如图 4-30 所示。

步骤 3：选中日期，在"段落"对话框中，设置"段后"为 0.5 行。

步骤 4：选中"儿童营养食品"段落，设置"段前"和"段后"均为 1 行。

步骤 5：鼠标单击"儿童营养食品"段落，再单击"开始"→"剪贴板"→"格式刷" 格式刷，分别刷过"中老年的调补保健食品"和"美容养颜食品"段落。使这些段落的"段前"和"段后"均为 1 行。

步骤 6：选中"健脑增智作用"段落，设置"段前"和"段后"均为 0.5 行。

步骤 7：鼠标单击"健脑增智作用"段落，双击"开始"→"剪贴板"组中的"格式刷" 格式刷，分别刷过"促进身体健康生长的作用"、"增强免疫力"和"防治贫血作用"段落、"防治心、脑血管疾病"和"抗肿瘤作用"段落、"抗衰老作用"和"排毒作用"段落。使这些段落的"段前"和"段后"均为 0.5 行。

图 4-30　设置段间距

步骤 8：单击"开始"→"剪贴板"→"格式刷"按钮 格式刷（或按 Esc 键）。

行距的单位可以是行，也可以是磅，默认是行。在设置行距时，如单位不符时，可直接输入数值和相应单位。

（2）行间距

步骤1：选中正文第一段"食用菌味道鲜美……多种矿物元素"。

步骤2：单击"开始"→"段落"组右下角的"对话框启动器"，弹出"段落"对话框，将行距下拉选择设置为"1.5倍行距"，如图4-31所示。

步骤3：选中正文第二段文字。

步骤4：在"段落"对话框中，将行距下拉选择为"多倍行距"，输入设置值"3"（3倍行距）。

步骤5：选中正文其他文字。

步骤6：在"段落"对话框中，将行距下拉选择为"固定值"，输入设置值"20"（20磅行距）。

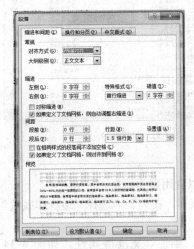
（a）第一段文字设置

（b）第二段文字设置

（c）正文文字设置

图4-31　设置行间距

4．设置项目符号与编号

（1）项目符号

步骤1：按住Ctrl键，鼠标拖动，分别选择"儿童营养食品"中的"健脑增智作用"、"促进身体健康生长的作用"、"增强免疫力"和"防治贫血作用"段落（不连续区域的选择）。

步骤2：单击"段落"→"项目符号"≡·按钮或该按钮右侧的下拉按钮，打开项目符号列表，单击选择所需要的项目符号即可，如图4-32所示。

步骤3：按住Ctrl键，拖动鼠标，分别选择"中老年的调补保健食品"中的"防治心、脑血管疾病"、"抗肿瘤作用"段落（不连续区域的选择）。

步骤4：单击"段落"→"项目符号"≡·按钮或该按钮右侧的下拉按钮，打开项目符号列表，单击选择所需要的项目符号。

步骤5：按住Ctrl键，拖动鼠标，分别选择"美容养颜食品"中的"抗衰老作用"和"排毒作用"段落（不连续区域的选择）。

步骤6：单击"段落"→"项目符号"≡·按钮或该按钮右侧的下拉按钮，打开项目符号列表，单击选择所需要的项目符号。

 提示　　　如果打开的项目符号列表中没有需要的符号类型，可以在项目符号列表的下方单击"定义新项目符号"命令，在弹出的"定义新项目符号"对话框中重新选择图片或符号作为新的项目符号。

（2）编号

步骤 1：选中要添加编号的内容：按住 **Ctrl** 键，拖动鼠标分别选中"儿童营养食品"、"中老年的调补保健食品"和"美容养颜食品"段落。

步骤 2：单击"段落"→"编号" ⸬ 按钮或该按钮右侧的下拉按钮，打开编号列表，选择需要的编号即可，如图 4-33 所示。

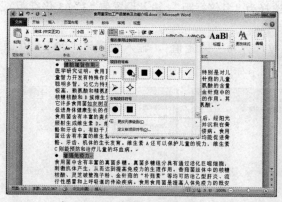
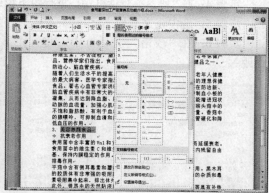

图 4-32　设置项目符号　　　　　　　　　　　图 4-33　设置编号

5．添加边框和底纹

步骤 1：选中要添加边框和底纹的内容——正文第三段"以食用菌为原料……"。

步骤 2：单击"段落"→"下框线"按钮 ⊞ ▼ 右侧的下拉按钮，在列表中选择"边框和底纹"命令，弹出"边框和底纹"对话框。

步骤 3：在"边框和底纹"对话框中，设置边框的样式、颜色、宽度等属性，如图 4-34 所示。

步骤 4：切换到"底纹"选项卡，单击"填充"右侧的下拉按钮，选择底纹颜色，单击"图案"区的"样式"下拉按钮，选择图案样式，如图 4-35 所示。

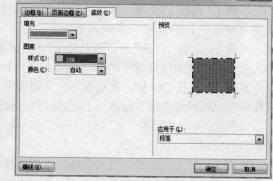

图 4-34　设置边框　　　　　　　　　　　　　图 4-35　设置底纹

"边框和底纹"中的"应用于"可选择作用范围：段落、文字，实现给段落或文字添加边框和底纹。

设置文档的页面格式

相关知识

一、首字下沉

首字下沉一般是设置段落的第一行第一个字字体变大，并且下沉一定的距离，与后面的段落对齐，段落的其他部分保持原样。

首字下沉主要是用来对字数较多的文章用来标示章节所用的。

可使用"插入"选项卡中的"文本"组的"首字下沉"中相应命令或"首字下沉"对话框进行设置。

二、分栏

分栏是指在文档编辑中，将文档的版面划分为若干栏。一般地，分栏是由上而下垂直划分的，每一栏的宽度可以设置为相等或不相等。

可使用"页面布局"选项卡中的"页面设置"组的"分栏"相应命令或"分栏"对话框进行设置。

三、页眉、页脚

（1）页眉：显示在页面顶端上页边区的信息。

（2）页脚：显示在页面底端下页边区中的注释性文字或图片信息。

页眉和页脚通常包括文章的标题、文档名、作者名、章节名、页码、编辑日期、时间、图片以及其他一些域等多种信息。

使用"插入"选项卡中的"页眉和页脚"组的相应命令插入页眉和页脚。

四、脚注和尾注

脚注和尾注用于文档和书籍中以显示所引用资料的来源或说明性及补充性的信息。脚注和尾注都是用一条短横线与正文分开的。

脚注和尾注的区别主要是位置不同，脚注位于当前页面的底部；尾注位于整篇文档的结尾处。

要删除脚注或尾注，可在文档中选中脚注或尾注的引用标记，然后按 Delete 键。这个操作除了删除引用标记外，还会将页面底部或文档结尾处的文本删除，同时会自动对剩余的脚注或尾注进行重新编号。

使用"引用"选项卡中的"脚注"组的相应命令插入脚注和尾注。

五、页面设置

包括设置文档的纸张大小、纸张方向和页边距等。可利用"页面布局"选项卡中的"页面设置"组或"页面设置"对话框进行设置。

（1）页边距：是指正文与页面四周边缘的距离，分为上、下、左、右页边距。在页边距中也能插入文字和图片，如页眉、页脚等。

（2）纸张大小：首先要确定打印纸张的大小，常用的、系统中已预置纸张大小有 A3、A4、B5、16 开、32 开等，默认设置为"A4"，如果需要预置的纸张大小可以直接在纸张大小的列表中选择。如都没有合适的，还可以自定义纸张的大小。

（3）打印选项：单击"打印选项"按钮，通过"打印"对话框可以进行详细的打印设置。

六、打印文档

制作好文档后，在"文件"选项卡中选择"打印"选项，然后进行一些简单的设置后即可将文档打印出来。

对文档进行打印设置后可以通过"打印预览"来预先查看文档的打印效果。通过预览，可以从总体上检查版面是否符合要求。如果不够理想，可以返回重新编辑调整，直到满意方才正式打印，避免重复打印纸张的浪费。

方法是在"文件"选项卡中选择"打印"选项，在屏幕的右侧就会出现文档打印的预览效果。

任务实施

一、设置段落首字下沉

步骤 1：单击或选择文档中要设置首字下沉文字所在段落：正文第一段"食用菌味道……"。

步骤 2：单击"插入"→"文本"→"首字下沉"　按钮，在列表中选择"首字下沉选项"命令，弹出"首字下沉"对话框，位置设为"下沉"，下沉行数设为"3"，如图 4-36 所示。

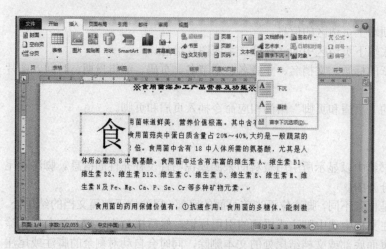

图 4-36　设置首字下沉

二、分栏排版

步骤 1：选中正文第二段"食用菌的药用保健价值……"段落，即要进行分栏的文字。

步骤 2：单击"页面布局"→"页面设置"→"分栏"　按钮，选择"更多分栏"命令，打开"分栏"对话框。选择要分栏的栏数，修改栏宽度或栏间距，并勾选"分隔线"复选框。

步骤 3：单击"确定"按钮，如图 4-37 所示。

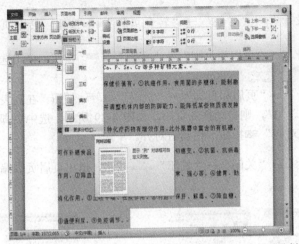
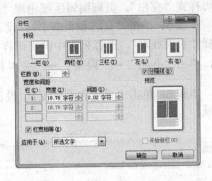

图 4-37　设置分栏

　　在设置分栏排版格式时，可以直接选择栏数，也可以在"栏数"框中自定义分栏数。在下方的"宽度"和"间距"框中可以更改默认栏的宽度和间距。

　　如果要删除分栏效果，则选择分栏段后，打开"分栏"对话框，再单击"一栏"选项即可。

　　如果对文档最后一段设置分栏，则在选定文档最后一段时不要把"段落标记"选上。

　　在设置分栏时，如果想均衡各栏文字长度，则在每一栏尾的文字后面，单击"页面布局"→"页面设置"→"分隔符"，选择"分页符"中的"分栏符"。

三、添加页眉和页脚

　　步骤 1：单击"插入"→"页眉和页脚"→"页眉" 页眉 按钮，选择列表中的页眉样式"空白"，如图 4-38 所示。

　　步骤 2：在页眉编辑区域"键入文字"中输入相关内容"产品功能介绍"，并对页眉文字进行格式化：楷体、二号、右对齐。

　　插入页眉后，功能区中新增了"页眉和页脚工具"，它包含"设计"选项卡。

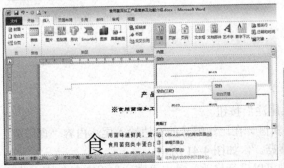

图 4-38　选择页眉样式

步骤 3：单击"页眉和页脚工具　设计"→"导航"→"转至页脚" 按钮，转至页脚区域。

步骤 4：单击"页眉和页脚工具　设计"→"页眉和页脚"→"页脚" 按钮，单击选择页脚样式"空白"。页脚编辑区域出现" "。

步骤 5：单击"页眉和页脚工具　设计"→"页眉和页脚"→"页码" 按钮，在列表中选择"页面底端"，选择列表中的页码样式"1"，则自动插入页码，如图 4-39 所示。选中页脚文字，单击"开始"→"段落"→"文本右对齐" 按钮，使其右对齐。

步骤 6：单击"页眉和页脚工具　设计"→"关闭"→"关闭" 按钮，退出页眉页脚编辑区域。

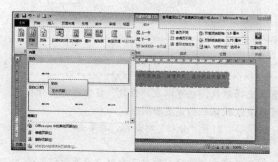

图 4-39　设置页脚

（1）在"页眉和页脚工具　设计" 选项卡中，单击"插入"工具组中的相关按钮，可以在页眉和页脚处插入日期和时间、文档部件、图片等对象，并能像处理普通文档中的内容一样处理插入的对象。选中"选项"工具组中的"首页不同"复选框，可以根据输入提示创建首页不同的页眉和页脚；选择"奇偶页不同"复选框，可以创建奇偶页不同的页眉和页脚。

（2）设置页码的起始页：在文档中插入页码时，默认都是从"1"开始，但是一些稿件的起始内容可能紧接其他文档，所以其起始值并不是"1"，遇到这种情况，就需要更改编号起始值。操作方法如下：

①单击"插入"→"页眉和页脚"→"页码"→"设置页码格式"命令，弹出"页码格式"对话框。

②在"起始页码"框中输入页码的起始值，单击"确定"按钮，如图 4-40 所示。

图 4-40　设置起始页码

四、脚注和尾注

步骤 1：选中文档副标题中的"食用菌"文字。

步骤 2：单击"引用"→"脚注"→"插入尾注"按钮。

步骤 3：在文档的尾部，自动出现了尾注编辑区，在尾注编号的右边输入尾注内容"食用菌：是指子实体硕大、可供食用的大型真菌，通称蘑菇。"，如图 4-41 所示。

步骤 4：脚注或尾注的编号格式、起始编号可以进行修改。单击"脚注"组右下角的"对话框启动器",如图 4-42 所示。

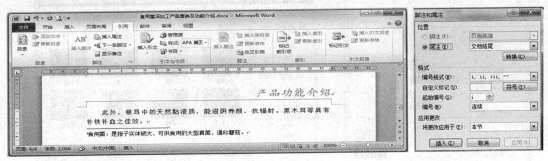

图 4-41　插入尾注　　　　　　　　　　　　　图 4-42　"脚注和尾注"对话框

五、添加页面边框

步骤 1:单击"页面布局"→"页面背景"→"页面边框" 📃 页面边框 按钮,弹出"边框和底纹"对话框。

步骤 2:在"艺术型"下拉列表框中选择需要的边框样式,单击"确定"按钮,如图 4-43 所示。

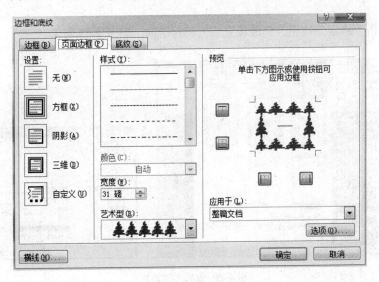

图 4-43　设置页面边框

六、添加页面背景

步骤 1:单击"页面布局"→"页面背景"→"页面颜色" 页面颜色·按钮。在列表中单击"填充效果"命令,打开"填充效果"对话框。

步骤 2:切换到"图片"选项卡,单击"选择图片"按钮,弹出"选择图片"对话框。

步骤 3:选择图片文件的位置和文件名,单击"确定"按钮,如图 4-44 所示。

图 4-44 选择背景图案

七、添加文档水印

步骤 1：单击"页面布局"→"页面背景"→"水印" 📄 水印▼ 按钮，在列表中选择水印样式。如果没有符合的样式，则在列表中选择"自定义水印"命令，弹出"水印"对话框。

步骤 2：在弹出"水印"对话框中，设置水印文字的相关选项，重新设置文字、字体、字号、颜色等。

步骤 3：单击"确定"按钮，完成设置后关闭对话框，如图 4-45 所示。

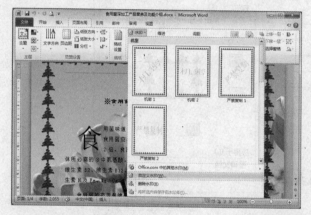
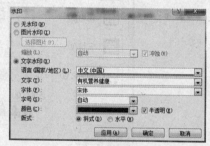

图 4-45 设置水印文字

八、页面设置

1. 设置纸张大小

步骤 1：单击"页面布局"→"页面设置"→"纸张大小"按钮，单击选择列表中的"其他页面大小"命令，打开"页面设置"对话框。

步骤 2：在"纸张大小"列表中选择需要的纸张大小。如果没有合适的纸张大小，则在列表中选择"自定义大小"，输入纸张的宽度 20cm、高度 28cm，如图 4-46 所示。

步骤 3：单击"确定"按钮。

图 4-46　设置纸张大小

2. 设置页边距

步骤 1：单击"页面设置"→"页边距"→"自定义页边距"按钮，或者单击"页面设置"组右下角的"对话框启动器"，打开"页面设置"对话框。

步骤 2：在弹出"页面设置"对话框中，设置上下左右的页边距均为 2cm，如图 4-47 所示。

步骤 3：单击"确定"按钮。

3. 设置纸张方向

在 Word 中，纸张有两个方向设置，一个是纵向，另一个是横向。默认为纵向使用。

单击"页面设置"→"纸张方向"按钮，单击列表中的方向选项即可，如图 4-51 所示。也可在图 4-48 所示的"页面设置"对话框中选择纸张方向。

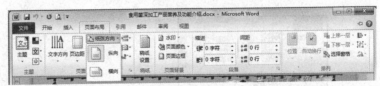

图 4-47　设置页边距　　　　　　图 4-48　设置纸张方向

九、预览和打印

步骤 1：单击菜单"文件"→"打印"命令，窗口右边就会出现预览效果，如图 4-49 所示。

步骤 2：在窗口中间进行相关打印设置，单击"打印"按钮，则实现文档打印。

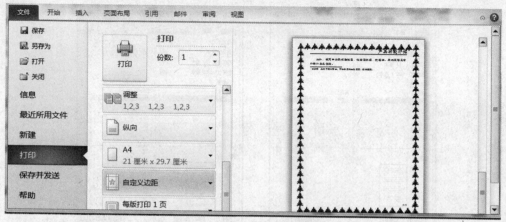

图 4-49 "预览"和"打印"文档

任务六 在文档中使用表格

相关知识

一、创建表格

创建表格有多种方法：

1. 拖动行列数创建表格

如果创建的表格行列数较少且是规则的表格，单击"插入"→"表格"→"表格"按钮，在列表中拖动鼠标进行表格行数与列数的设置，完成表格的建立，如图 4-50 所示（这样可创建最大 10 列×8 行的表格）。

2. 通过对话框创建表格

单击"插入"→"表格"→"表格"按钮，在列表中选择"插入表格"命令，在弹出的"插入表格"对话框（如图 4-51 所示）中设置表格列数和行数。

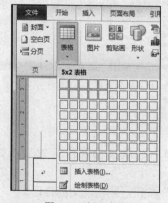

图 4-50 插入表格

图 4-51 "插入表格"对话框

在创建表格前，要规划表格的列数和行数。如果是不规则表，一般先创建规则的表格，再利用绘制表格、合并单元格或拆分单元格的操作来调整。

3．绘制表格

对于不规则的表格或表格的局部线段，可以通过绘制实现。单击"插入"→"表格"→"表格"按钮，在列表中选择"绘制表格"命令。光标形状变成笔形，可以在编辑区从左拖到右画水平线（如图 4-52 所示）、从上拖到下画垂直线、从左上角拖到右下角画斜线。绘制内线如图 4-53 所示。

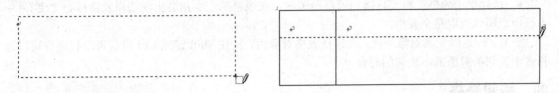

图 4-52　手动绘制表格外框　　　　　　　　　　图 4-53　手动绘制表格内线

4．文本转换成表格

在 Word 2010 文档中，可以很容易地将文字转换成表格。其中关键的操作是使用分隔符号将文本合理分隔。Word 2010 能够识别常见的分隔符，例如段落标记（用于创建表格行）、制表符和逗号（用于创建表格列）。方法是：单击"插入"→"表格"→"表格"按钮，在列表中选择"文本转换成表格"命令。

二、移动光标

可以使用键盘上的方向键将插入点快速移动到其他单元格；按 Tab 键可以将插入点由左向右依次切换到下一个单元格；按"Shift+Tab"组合键可以将插入点由右向左切换到前一个单元格。

三、选择表格对象

表格对象包括表格、行、列、单元格。可以用多种方法分别选择这些表格对象。

1．菜单命令

单击"表格工具 布局"→"表"→"选择"按钮，在列表中选择相应表格对象的命令，如图 4-57 所示。

2．利用鼠标右键

在选中的区域上单击鼠标右键，在弹出的快捷菜单中"选择"列表中选择相应表格对象命令，如图 4-54 所示。

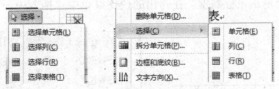

图 4-54　"选择"表格对象

3．利用鼠标左键选择表格对象

● 选择表格中的行：将光标指向需要选择的行的最左端，当鼠标指针变成"⌐"形状时单击鼠标左键即可选择表格的一行。此时，如果按下鼠标左键不放，向上或向下拖动时，可以连续选择表格中的多行。

- 选择表格中的列：将光标指向需要选择的列的顶部，当鼠标指针变成"↓"形状时单击鼠标左键，即可选择表格的一列。此时，如果按下鼠标左键不放，向右或向左拖动时，可以连续选择表格中的多列。

- 选择单元格：由行线和列线交叉构成的格式称为单元格，一个表格由多个单元格构成。在选择一个单元格时，需要将光标指向单元格的左下角，当指针变成"➔"形状时，再单击鼠标左键选择相应的单元格。如果按住鼠标左键不放进行拖动，则可以选择表格中的多个连续单元格。

- 选择整个表格：将光标指向表格范围时，在表格的左上角会出现选择表格标记"⊞"，单击该标记即可选取整个表格。

另外，同选取文本对象一样，在选择表格对象时，按住 Shift 键或 Ctrl 键后再进行选择可以选择多个相邻的对象或不相邻的对象。

四、编辑表格

创建好表格后，将光标放置在表格中，在 Word 2010 的功能区中会出现"表格工具 设计"和"表格工具 布局"选项卡。通过它们可以对表格进行编辑和美化，如图 4-55 和图 4-56 所示。

图 4-55 "表格工具 布局"选项卡

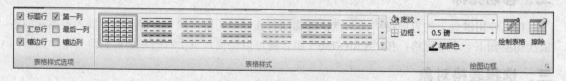

图 4-56 "表格工具 设计"选项卡

1. 插入与删除行、列或表格

在创建表格时，并不能将行和列以及单元格一次创建到位，所以当表格中需要添加数据，而行、列或单元格不够时，就需要添加；当有多余的行、列或单元格时，则需要将其删除。

（1）插入行、列

如图 4-57 所示。有如下方法：

- 单击"表格工具"的"布局"→"行和列"组中的按钮。

- 在选中的区域上单击鼠标右键，在弹出的快捷菜单中"插入……"列表中选择命令。

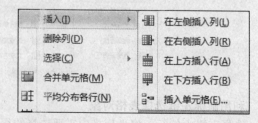

图 4-57 插入行、列

（2）删除行、列和表格

● 单击"表格工具 布局"→"行和列"→"删除" 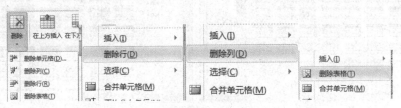按钮，在列表中选择合适的删除操作，如图 4-58 所示。

● 在选中的区域上单击鼠标右键，在弹出的快捷菜单中"删除……"列表中选择命令（此命令会随选择的表格对象改变）。

图 4-58　删除行、列和表格

2. 合并和拆分单元格

（1）合并单元格：选择若干行或列方向上相邻的单元格（至少 2 个），单击"表格工具 布局"→"合并"→"合并单元格"按钮，将它们合并成一个单元格；或在选区上单击鼠标右键，在弹出的快捷菜单中选择"合并单元格"命令，如图 4-59 所示。

（2）拆分单元格：选中一个单元格，单击"表格工具布局"→"合并"→"拆分单元格"按钮，或在选区上单击鼠标右键，在弹出的快捷菜单中选择"拆分"单元格命令，在弹出的"拆分单元格"对话框中设置拆分成的行数和列数，如图 4-60 所示。

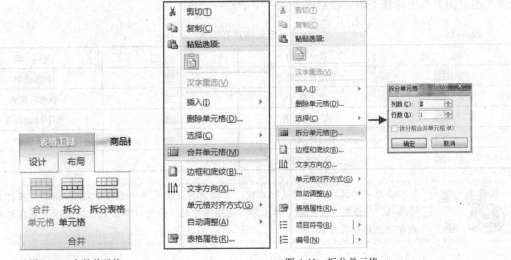

图 4-59　合并单元格　　　　　　　　　　图 4-60　拆分单元格

五、表格格式化

1. 表格的自动套用样式

Word 2010 提供了丰富的表格样式库，可以将样式库中的样式快速应用到表格中。

方法是：选择要设置样式的表格，单击"表格工具 设计"→"表格样式"→"其他" 按钮，选择列表中要应用的表格样式即可，如图 4-61 所示。

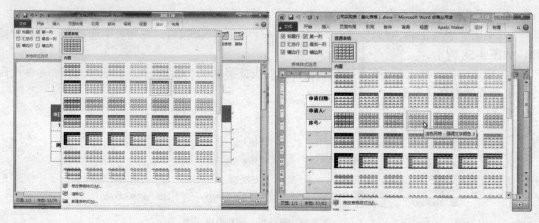

图 4-61　选择"表格的自动套用样式"

如果在表格样式库中没有合适的样式，可以单击样式列表中的"修改表格样式"命令，弹出"修改样式"对话框，调整该对话框中的参数可以制作出更多精美的表格，还可以单击样式列表中的"新建表样式"命令，自定义表格样式。

2．对齐方式

（1）单元格对齐方式

单元格中的文字相对于该单元格中的水平、垂直方向上的对齐方式。可通过单击"表格工具 布局"→"对齐方式"组中的相关按钮设置单元格文字的对齐方式。或者单击鼠标右键，在弹出的快捷菜单中选择"单元格对齐方式"中的相应命令。

表 4-5　　　　　　　　　　　　　　　　单元格对齐方式

按　钮	说　明	按　钮	说　明
	靠上两端对齐		中部居中
	靠上居中		中部右对齐
	靠上右对齐		靠下两端对齐
	中部两端对齐		靠下居中
	靠下右对齐		

 提示　　在选中的区域上单击鼠标右键，在弹出的快捷菜单中选择"表格属性"，在打开"表格属性"对话框中，利用"单元格"选项卡中的"垂直对齐方式"区选择设置在单元格垂直方向上的对齐方式。

（2）表格对齐方式

整个表格在页面中的对齐方式。设置方式和段落文字对齐方式的设置相同。即单击"开始"→"段落"组的各对齐方式按钮。

3．调整表格的行高与列宽

调整表格的行高、列宽有 3 种方法。

（1）通过鼠标左键拖动来调整行高和列宽

当对行高和列宽的精度要求不高时，可以通过拖动行或列边线，来改变行高或列宽。

鼠标移至行边线处时，指针会变为两条短平等线，并有两个箭头分别指向两侧的形状"⇌"，按住鼠标左键，屏幕会出现一条横向的长虚线指示当前行高，按住鼠标左键上下拖动横向的长虚线，即可调整该行的行高。

列宽的调整与行高的调整方法一样，只是指针会变为"◄║►"形状，按住鼠标左键左右拖动纵向的长虚线可以调整该列的列宽。

使用鼠标左键拖动来调整行高和列宽时，如需细微调整行高和列宽，可以在光标变为"⇌"或"◄║►"形状时，使用鼠标左键拖动的同时按住 Alt 键即可微调表格的行高或列宽，如图 4-62 所示。

当选中某个单元格，使用鼠标左键拖动来调整列宽时，只会调整本单元格的宽度，从而使表格不规则。

项目＼季度	2007 年销售额/万元				合计
	第 1 季度	第 2 季度	第 3 季度	第 4 季度	
计算机	230.45	302.27	312.39	330.21	
网络设备	120.34	134.56	137.43	144.29	
其他	89.21	92.33	93.56	98.43	
小计					

图 4-62　鼠标调整表格对象大小

（2）通过"表格属性"对话框来设置精确的行高和列宽

先选中整个表格，在选定区域上右键单击鼠标，弹出的快捷菜单中选择"表格属性…"命令，或者单击"表格工具 布局"→"单元格大小"右下角的"对话框启动器"。在弹出的"表格属性"对话框中进行相应表格对象的格式设置，对话框具体如图 4-63 所示。

在"行"选项卡中勾选"指定高度"，然后在数值框中调整或直接输入所需的行高值。

如需要设定的每一行为不同的高度，可单击"上一行"或"下一行"按钮具体设置每一行的高度，调整完成后单击"确定"按钮。

列宽的调整与行高的调整方法类似。

（3）通过"自动调整"的功能进行自动调整表格的行高和列宽

图 4-63　"表格属性"对话框

先选中整个表格，在选定区域上右键单击鼠标，弹出的快捷菜单中选择"自动调整"，或者单击"表格工具 布局"→"单元格大小"→"自动调整" 按钮，如图 4-64 所示。在"自动调整"列表中有 3 种方式：根据内容调整表格、根据窗口调整表格以及固定列宽，可根据不同的需要，进行相应的选择。

（1）使用"插入表格…"命令的方法创建表格时，自动调整默认为"固定列宽"且列宽值为"自动"。调整表格整体大小时，先将光标定在表格中任一单元格内，然后用鼠标左键拖动表格右下角的调整点"⤡"来调整表格整体的大小。

（2）通过"表格工具 布局"选项卡的"单元格大小"组中的"高度"框 和宽度框 中微调或输入数值，可快速的调整光标所在行高、列宽。

4. 平均分布各列、行的使用

"平均分布各列"及"平均分布各行"是在选定了相邻多列（两列及以上）或多行的前提下，通过操作使得选定列的列宽相同或选定的行高相同。

操作方法是：首先改变相邻列最左边或最右边一列的宽度或相邻行最上边或最下边一行的行高，然后选中相邻多列或多行，在选定区域上右键单击鼠标，在弹出的快捷菜单中选择相应命令，或者单击"表格工具 布局"选项卡的"单元格大小"组中的相应按钮，将选定的所有列宽度相同或所有行高度相同，如图 4-65 所示。

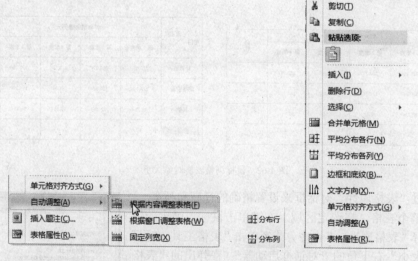

图 4-64　自动调整　　　　　　图 4-65　平均分布各行、平均分布各列

5. 单元格中文字方向的设置

选中要进行文字方向设置的单元格，在选定区域上右键单击鼠标，弹出的快捷菜单中选择"文字方向…"命令，在"文字方向-表格单元格"对话框中选中要设置的方向，最后单击"确定"按钮。

或者单击"表格工具 布局"→"对齐方式"→"文字方向"按钮。

6. 表格的边框和底纹的设置

表格边框和底纹的设置与段落的边框和底纹的设置类似，区别在于"应用于"选项的不同。

在段落中"应用于"有"文字"和"段落"两种选项；在表格中"应用于"则有"单元格"和"表格"两种选项。可单击"表格工具 设计"→"表格样式"组中的相应按钮 ，在列表中选择相应颜色、边框线或"边框和底纹"命令打开"边框和底纹"对话框设置。

> 　　设置表格的边框时，建议按照"先整表，再局部"的原则。即选中整张表格，设置内外边框线，然后选择局部的内边框线需要调整的行或列，使内边框线成为选区的外边框线，再调整这些边框线。

7．单元格边距

单元格边距是指 Word 表格单元格中填充内容与单元格边框的距离。用户可单击 Word 表格任意单元格，在"表格工具 布局"→"对齐方式"→"单元格边距"按钮，在"表格选项"对话框中分别设置上、下、左、右单元格边距，统一设置表格的边距数值，使 Word 表格中所有的单元格具有相同的边距设置。

六、公式计算

应用 Word 中文版提供的表格计算功能可以对表格中的数据执行一些简单的运算，如求和、求平均值和求最大值等，并且可以方便、快捷地得到计算的结果。有如下方法：

1．利用函数运算。

函数格式为：=函数名（计算范围），如：=SUM（C2:C6），其中 SUM 是求和的函数名，C2:C6 为求和的计算范围。

运算中使用的函数名，可以在"粘贴函数"下拉列表中选择或人工输入函数名。

常用函数有：SUM 求和，AVERAGE 求平均，MAX 求最大值，MIN 求最小值。

2．利用公式运算

公式格式为：=单元格编号 运算符 单元格编号。如：=C2+C3+C4+C5+C6。

参加计算的单元格，可以用范围方向或单元格名称表示。

（1）单元格名称：表格的行以 1、2……表示，表格的列以 A、B……表示，则单元格名称为 A1、B1……、A2、B2……，如图 4-66 所示。

	A	B	C	D	E	F
1	季度	2007年销售额/万元				合计
2	项目	第1季度	第2季度	第3季度	第4季度	
3	计算机	230.45	302.27	312.39	330.21	
4	网络设备	120.34	134.56	137.43	144.29	
5	其他	89.21	92.33	93.56	98.43	
6	小计					

图 4-66　单元格名称

（2）单元格范围方向：above、below、left、right。

（3）单元格范围：用引用符号连接单元格名称表示范围，引用符号有逗号、冒号。连续范围则表示为"范围左上角单元格名称：范围右下角单元格名称"（用冒号隔开），如 A1:A5，B3:B5，A1:B5；不连续范围则表示为"单元格名称，单元格名称……"（用逗号隔开），如 A1,B4,C5。

公式可以被复制，但是对于粘贴公式的单元格，需要修改参加计算的单元格范围或名称，并选取"更新域"更新结果。

七、排序

在 Word 2010 中，可以按照递增或递减的顺序把表格中的内容按照笔画、数字、拼音或日期等数据类型进行排序。由于对表格的排序可以使表格发生巨大的变化，所以排序之前最好对文档进行保存。对重要的文本则应考虑用备份进行排序。

1．关键字

一般是指某一列数据，该列数据按照一定规则排序，并重新组织各行在表格中的次序。在 Word 中可以设置主要关键字、次要关键字和第三关键字。

排序时，若所选数据行的主要关键字值均不相同，就按照该关键字的指定顺序排序，其余关键字不起作用；若主要关键字值相同，则相同的部分会按照次要关键字的指定顺序排序；若主要和次要关键字值全部相同，相同部分才会按照第三关键字的指定顺序排序。

2．标题行

标题行一般不参加排序，所以如果选择排序范围时包含了标题行，则单击"有标题行"的单选按钮，主要关键字呈现为标题行中的文字内容，标题行不参加排序；如果没有选取标题行，则单击"无标题行"单选按钮，主要关键字呈现为列 1、列 2……形式。

 提示

有合并单元格的行或列不能参加排序。

任务实施

在"E:\项目\项目 4"中新建"商品销售表.docx"文档，创建表格并对表格进行编辑、格式化、计算、排序等。

一、创建表格

1．采用对话框创建表格

步骤 1：单击"插入"→"表格"→"表格"按钮，在列表中选择"插入表格"命令。

步骤 2：在弹出的"插入表格"对话框中设置表格行数和列数，这里根据需要选择 5 列、5 行，如图 4-67 所示。

步骤 3：单击"确定"按钮即可在文档中插入一个 5 列×5 行的表格。

2．绘制表格斜线

步骤 1：单击表格第 1 行第 1 列。

步骤 2：单击"表格工具 设计"→"绘图边框"→"绘制表格"按钮，切换到绘制表格状态，光标变成笔形，从单元格的左上角拖到右下角，则绘制出单元格的斜线，如图 4-68 所示。在"插入"→"表格"→"表格"的列表或"表格工具 设计"→"表格样式"→"边框"按钮列表中也有"绘制表格"命令。

步骤 3：单击表格第 1 行第 1 列。

步骤 4：单击"表格工具 设计"→"表格样式"→"边框"按钮，在列表中选择"斜下框线"命令。

图 4-67 "插入表格"对话框

图 4-68 手动绘制表格斜线

二、在表格中输入内容

使用键盘上的方向键,依次将插入点移动到相应单元格中,输入内容,如图 4-69 所示。

商品销售表

季度 项目	2007 年销售额/ 万元			
	第 1 季度	第 2 季度	第 3 季度	第 4 季度
计算机	230.45	302.27	312.39	330.21
其他	89.21	92.33	93.56	98.43
网络设备	120.34	134.56	137.43	144.29

图 4-69 表格输入内容

三、编辑表格

1.编辑表格中的文字

在表格中编辑的文字内容和在表格之外编辑的内容一样,可以进行复制、移动、查找、替换、删除及格式设置等操作。

2.添加和删除表格对象

在表格的最下面增加一行、最右边增加一列,将插入点定位到表格中插入新行的位置。

步骤 1:选中最下面一行。

步骤 2:在选中的区域上单击鼠标右键,在弹出的快捷菜单中选择"插入"列表中的"在下方插入行"命令,如图 4-70 所示。

步骤 3:选中最右一列。

步骤 4:在选中的区域上单击鼠标右键,在弹出的快捷菜单中选择"插入"列表中的"在右侧插入列"命令,如图 4-71 所示。

提示

在执行"插入"行或列命令前,选中多少行或多少列,则执行"插入"命令就会插入相应数目的行或列。

在某行的下面插入行,还可以直接在该行的行尾,按 Enter 键。

删除表格对象与添加表格对象类似:选中要删除的对象,在选中的区域上单击鼠标右键,在弹出的快捷菜单中,根据选中表格对象类型,选择相应的"删除行"、"删除行"、"删除表格"、"删除单元格"。

其中"删除单元格",要在弹出的对话框中进一步进行选择,如图 4-72 所示。

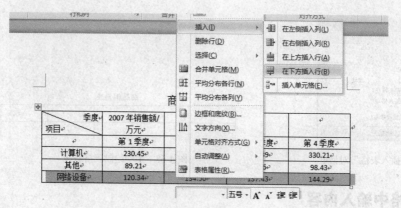

图 4-70 增加行

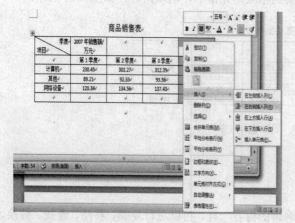

图 4-71 增加列

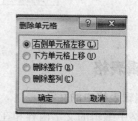

图 4-72 "删除单元格"对话框

3. 合并和拆分单元格

由图 4-69 可知，第 1-2 行的第 1 列要合并成一个单元格（垂直方向的连续）、第 1 行的第 2～5 列要合并成一个单元格（水平方向的连续）、第 1～2 行的第 6 列要合并成一个单元格。操作步骤如下：

步骤 1：选中第 1～2 行的第 1 列，单击"表格工具 布局"→"合并"→"合并单元格" 合并单元格 按钮，如图 4-73 所示。

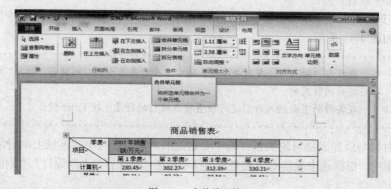

图 4-73 合并单元格

步骤 2：选中第 1 行的第 2～5 列，在选中的区域上单击鼠标右键，在弹出的快捷菜单中选择

"合并单元格"。

步骤 3：选中第 1～2 行的第 6 列，在选中的区域上单击鼠标右键，在弹出的快捷菜单中选择"合并单元格"。

四、表格格式化

1．设置表格大小

步骤 1：选中表格的所有行。

步骤 2：在选中的区域上单击鼠标右键，在弹出的快捷菜单中选择"表格属性"命令，打开"表格属性"对话框。

步骤 3：在弹出的"表格属性"对话框中，单击"行"选项卡，勾选"指定高度"复选框，并输入行高值为 1。

步骤 4：选中表格的所有列。

步骤 5：在"表格属性"对话框中，单击"列"选项卡，勾选"指定宽度"复选框，并输入列宽值为 2.5，如图 4-74 所示。

图 4-74 "表格属性"对话框设置行高、列宽

2．设置表格中表格、文字的对齐方式

步骤 1：选择整张表格，单击"开始"→"段落"→"居中"按钮即可，如图 4-75 所示。

商品销售表

季度 项目	2007 年销售额/万元				合计
	第 1 季度	第 2 季度	第 3 季度	第 4 季度	
计算机	230.45	302.27	312.39	330.21	
其他	89.21	92.33	93.56	98.43	
网络设备	120.34	134.56	137.43	144.29	
小计					

图 4-75 设置表格居中

步骤 2：选择表格中文字，在选中的区域上单击鼠标右键，在弹出的快捷菜单中选择"单元格对齐方式"的"水平居中" 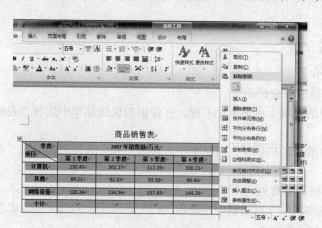，使文字在单元格中水平和垂直都居中，如图 4-76 所示。

图 4-76　设置表格文字水平居中

3. 设置表格中的文字方向

步骤 1：选择第 1 行的最右边 1 列，即文字需要竖排的单元格。

步骤 2：单击"表格工具 设计"→"对齐方式"→"文字方向"按钮，可将单元格中的文字竖排显示。再次单击该按钮，可将竖排文字进行横排显示，如图 4-77 所示。

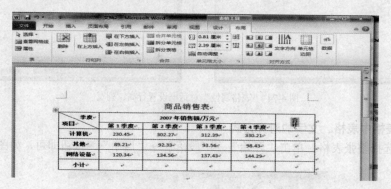

图 4-77　设置文字方向

4. 设置表格的边框和底纹

设置边框

步骤 1：选择整张表格。

步骤 2：单击"表格工具 设计"→"表格样式"→"边框"按钮，在列表中单击"边框和底纹"命令，打开"边框和底纹"对话框。

步骤 3：在弹出的"边框和底纹"对话框中，单击"设置"列表中的"全部"按钮，并在"样式"列表中将边框线型的样式、颜色和宽度分别设为"单实线、绿色、1 磅"，如图 4-81 所示，单击"确定"按钮。

步骤 4：选中"计算机"行，重复步骤 2。

步骤 5：在弹出"边框和底纹"对话框中，单击"设置"列表中的"自定义"按钮，并在"样式"列表中分别设置边框线型的样式、颜色和宽度为"双实线、黑色、0.5 磅",如图 4-78 所示,单击"确定"按钮。

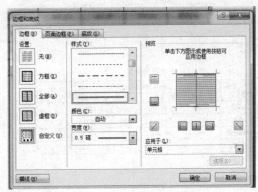

图 4-78　设置表格边框

　　　　设置表格边框时,还可以在"边框和底纹"对话框的"边框"选项卡中,选择边框的样式、颜色、宽度,然后在"预览"区中单击相应方位的框线按钮。

　　步骤 6:重复步骤 1 和步骤 2。

　　步骤 7:在弹出"边框和底纹"对话框中,切换到"底纹"选项卡。在"填充"列表中选择橙色,"图案"的"样式"列表中选择 10%。单击"确定"按钮,如图 4-79 所示。

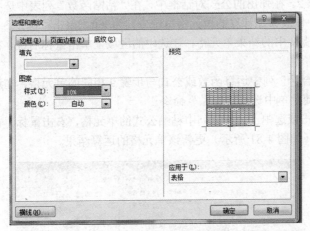

图 4-79　设置表格底纹颜色、图案

五、公式计算

　　步骤 1:单击"小计"行中的第 1 列,放置公式求和的计算结果。

　　步骤 2:单击"表格工具 布局"→"数据"→"公式"按钮 fx。

　　步骤 3:在弹出的公式对话框中,在"粘贴函数"列表中选择要使用的函数名称 Sum,在"公式"框中修改参加计算的单元格范围方向为 Above,单击"确定"按钮,如图 4-80 所示。

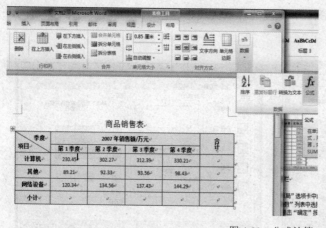
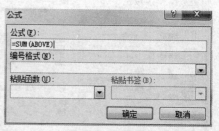

图 4-80 公式计算

步骤 4：选中步骤 3 中的结果单元格，在选中的区域上单击鼠标右键，在弹出的快捷菜单中选择"复制"命令。

步骤 5：选中"小计"行中运算函数或公式和步骤 3 相同的单元格，在选中的区域上单击鼠标右键，在弹出的快捷菜单中选择"粘贴"命令。

步骤 6：单击或选中步骤 4 中的粘贴公式的单元格，即"小计"行的第 2 列，在选中的区域上单击鼠标右键，在弹出的快捷菜单中选择"更新域"命令更新该单元格的运算结果。

步骤 7：依次单击或选中"小计"行的第 3 列、第 4 列、第 5 列、第 6 列，重复步骤 6 操作。

步骤 8：选中"合计"列的第 2 列，放置公式求和的计算结果。

步骤 9：重复步骤 2。在弹出的公式对话框中，在"粘贴函数"列表中选择要使用的函数名称 sum，在"公式"框中修改参加计算的单元格范围方向为 left，单击"确定"按钮。

步骤 10：选中步骤 9 中的结果单元格，在选中的区域上单击鼠标右键，在弹出的快捷菜单中选择"复制"命令。

步骤 11：选中"合计"列中运算函数或公式与步骤 9 相同的单元格，在选中的区域上单击鼠标右键，在弹出的快捷菜单中选择"粘贴"命令。

步骤 12：依次单击或选中"合计"列中粘贴公式的单元格，右击鼠标，在弹出的快捷菜单中选择"更新域"命令（如图 4-81 所示）更新该单元格的运算结果。

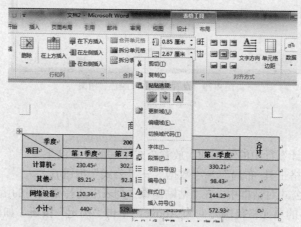

图 4-81 更新域

六、排序

需要对"商品销售表"中的"计算机"、"其他"、"网络设备"三行按"合计"列值从高到低排序。

步骤 1：选中"计算机"、"其他"、"网络设备"三行。

步骤 2：单击"表格工具 布局"→"数据"→"排序" 排序 按钮。打开 排序"对话框。

步骤 3：在弹出的"排序"对话框中，下拉选择"主要关键字"为列 6（合计列），"类型"为数字，分别单击单选按钮"降序"和"无标题行"。

步骤 4：单击"确定"按钮，如图 4-82 所示。

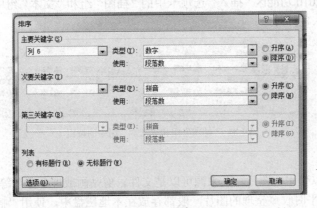

图 4-82　排序

七、文本转换成表格

打开"E:\项目\项目 4\七种食用菌的基本营养成分含量.docx"文档，将里面指定的文本转换成表格。

步骤 1：单击第四段的")"左侧，按 Backspace 键，将第三段和第四段合并；鼠标单击第三段的"%"左侧，按 Backspace 键，将第三段和第二段合并；鼠标单击第二段的"（"左侧，按 Backspace 键，将第二段和第一段合并。

步骤 2：选中连续区域"菇类"段落到"竹荪"段落下面的"9.05"段落。

步骤 3：单击"插入"→"表格"→"表格"按钮，在列表中选择"文本转换成表格"命令，在弹出的对话框中设置"列数"为 7，设置"文字分隔位置"为"段落标记"，如图 4-83 所示。

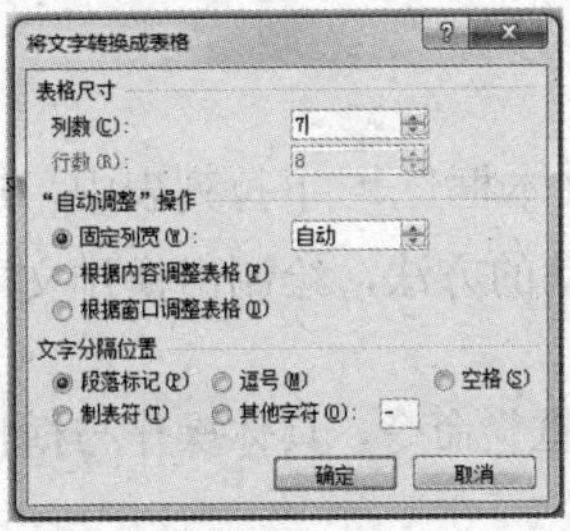

七种食用菌的基本营养成分含量（%）

菇类	水分	灰分	粗蛋白	粗脂肪	总糖	粗纤维
香菇	10.3	4.2	20.3	3.4	32.4	13.2
平菇	12.5	6.4	19.08	1.71	22.25	6.1
金针菇	9.03	7.4	17.6	1.9	47.89	3.7
杏鲍菇	9.70	5.75	15.4	5.5	52.1	5.4
黑牛肝菌	11.79	9.0	4.0	4.0	23.93	15
松乳菇	18.28	4.2	28.4	16.38	16.76	28.4
竹荪	15.50	11.13	35.97	2.09	40.54	9.05

图 4-83　文本转换成表格

任务七　图文混排

在 Word 文档中，除了可以输入文字外，还可以插入图片、剪贴画、艺术字、图形、文本框和 SmartArt 图形、公式等对象，使得 Word 文档更加多姿多彩。

相关知识

一、插入对象

可以利用 Word 2010 功能区"插入"选项卡中的"插图"组和"文本"组中的按钮（如图 4-84 所示），在文档中插入各种对象。

图 4-84　"插图"组和"文本"组中的按钮

1．插入图片

Word 2010 中可以使用的图片，其来源可以是文件、剪贴画或屏幕截图等。

（1）来自文件。平时收藏整理的图片一般都存放在本地磁盘中，使用"插入"选项卡的"插图"组中的"图片"按钮，是 Word 排版中最常用的方法之一。

（2）剪贴画。Word 2010 提供了大量的插图、照片、视频、音频，在编辑文档时，可以根据需要插入文档中。

2．插入形状

（1）插入形状

在"插入"选项卡的"插图"组中单击"形状"按钮，在列表中可以根据需要选择对应的绘制对象。使用鼠标左键拖动的方法，绘制出各种自选图形。

（2）插入艺术字

在"插入"选项卡中的"文本"选项组中单击"艺术字"下拉按钮，在"艺术字库"中选择一种"艺术字"样式，单击"确定"按钮。

（3）插入文本框

文本框内可以放置文字、图片、表格等内容，文本框可以很方便地改变位置、大小，还可以设置一些特殊的格式。文本框有两种：横排和竖排文本框。

① 横排文本框。单击"插入"选项卡，在"文本"选项组的"文本框"下拉列表中，选择"绘制文本框"命令，鼠标指针变为"+"形状，使用鼠标左键拖动的方法，绘制出横排文本框。在文本框内的光标处可以插入文本、图片等各种对象。

② 竖排文本框。在"文本框"下拉列表中，选择"绘制竖排文本框"命令，具体操作与横排文本框类似。

二、格式化对象

1．选项卡设置对象格式

当插入图片、文本框后，功能区会出现"图片工具 格式"选项卡。当插入艺术字、形状后，功能区会出现"绘图工具 格式"选项卡。如图 4-85 和图 4-86 所示。

图 4-85 "图片工具格式"选项卡

图 4-86 "绘图工具 格式"选项卡

可以使用"图片工具 格式"选项卡或"绘图工具 格式"选项卡中的按钮来设置图片的大小、位置、环绕方式、图片样式、叠放次序等。

另外，在"艺术字样式"选项组中单击"🅰文本效果"下拉按钮中的"转换"命令，可弹出级联菜单，在此菜单中可对艺术字进行详细的格式设置。

2．快捷菜单设置对象格式

右击对象，在弹出的快捷菜单中选择"自动换行"、"大小位置"或"其他布局选项"和"设置图片格式"（如图 4-87 所示）或"设置形状格式"（如图 4-88 所示）进行设置。可精确调整对象的大小和位置。

（a）图片的右键菜单　　　　　　（b）设置图片格式

图 4-87　设置图片格式

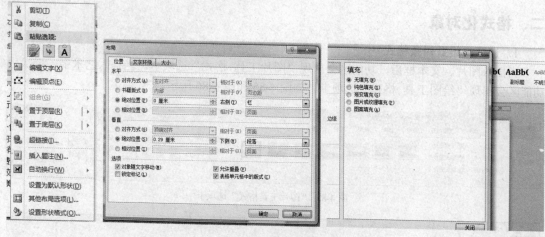

图 4-88 设置形状格式

3. 鼠标拖动调整对象大小和位置

除了使用选项卡和快捷菜单方法调整对象的大小和位置外，还可以使用鼠标拖动的方法。调整对象的大小遵循"先选定，后操作"，在使用鼠标选定对象时，要注意鼠标的不同形状。

- 选中对象时，会出现八个控制点，鼠标移至 4 个顶角的控制点，鼠标指针形状变为"↙"、"↘"，这时，使用鼠标左键拖动的方式可以等比例缩放对象的大小。

- 鼠标移至边线中部的控制点，鼠标指针形状变为"↔"，使用鼠标左键拖动的方式可以调整对象的宽度和高度。

- 先选定要调整位置的对象，使用鼠标左键拖动的方式来改变对象的位置，在拖动的过程中鼠标指针的形状为"✛"。

除了用鼠标可以调整对象的位置外，键盘上的上下左右方向键也可以进行调整。

（1）选定前一定要注意，鼠标指针要为"ℝ"形状才可以正常选定。要使鼠标为此形状，鼠标必须在该对象的四个边线附近，然后单击鼠标左键选中对象。

（2）要时刻注意绘制对象时鼠标指针的形状，选中对象时鼠标的形状，以及不同鼠标指针形状下的不同操作方法。

4. 文本环绕

文本环绕方式是指插入对象周围的文字以何种方式环绕该对象。

表 4-6　　　　　　　　　　　图文混排常见环绕方式及功能

环绕方式	功能作用
四周型环绕	文字在对象周围环绕，形成一个矩形区域
紧密型环绕	文字在对型四周环绕，以图片的边框形状形成环绕区域
嵌入型	文字围绕在图片的上下方，图片只能在文字范围内移动
衬于文字下方	图形作为文字的背景图形
衬于文字上方	图形在文字的上方，挡住图形部分的文字
上下型环绕	文字环绕在图形的上部和下部
穿越型环绕	适合空心的图形

5．对象间的叠放次序

在页面上绘制或插入各类对象，每个对象其实都存在于不同的"层"上，只不过这种"层"是透明的，看到的就是这些"层"以一定的顺序叠放在一起的最终效果。

如需要某一个对象存在于所有对象之上，就必须选中该对象，在选中的区域上单击鼠标右键，在弹出的快捷菜单中选择"置于顶层"命令。

6．调整自选图形

鼠标移至紫色的竖菱形处，鼠标指针形状变为""，使用鼠标左键拖动黄色的竖菱形，可以调整自选图形四角的"圆弧度"。

鼠标移至绿色的圆圈处，鼠标指针形状变为""，使用鼠标左键拖动绿色的圆圈，可以调整自选图形的摆放"角度"。

7．裁剪图片

裁剪功能是 Word 2010 新增功能，利用此功能可以将插入到文档中的图片的多余部分去掉。方法是单击"格式"选项卡中的"裁剪"按钮，单击列表中的"裁剪"命令，进入裁剪状态，如图 4-89 所示。

鼠标指针指向图片中的裁剪标记，按住鼠标左键拖动，显示裁剪区域。松开鼠标，在空白处单击，即可完成裁剪，如图 4-90 所示。

图 4-89　执行"裁剪"命令

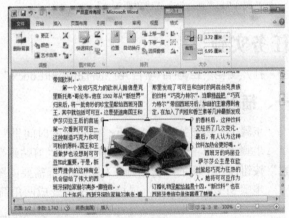

图 4-90　裁剪图片

三、插入数学公式

Word 2010 里面自带了一个公式编辑器，可以帮助人们在 Word 2010 中制作公式。

使用"插入"选项卡的"符号"组中的"公式"，既可以直接插入内置的公式，也可以来自 office.com 上的公式，还可以选择"插入新公式"命令，在弹出的公式编辑器中创建新公式，如图 4-91 所示。

选择"插入新公式"命令后，功能区会出现一个"公式工具 设计"选项卡（如图 4-92 所示）。人们在公式编辑区创建新公式时可以利用"符号"组和"结构"组相应按钮选择结构样式和特殊符号。

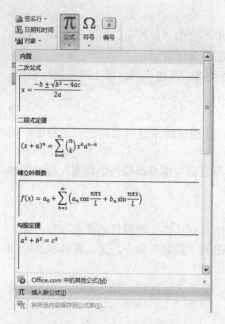

图 4-91 "插入"公式选项图　　　　　　图 4-92 "公式工具"的"设计"选项卡

任务实施

打开文档"E:\项目\项目 4\产品宣传海报.docx"文档，插入各种对象。

一、插入剪贴画

步骤 1：单击文档中"在近一个世纪的时间里"段落下面，定位光标。

步骤 2：单击"插入"→"插图"→"剪贴画"按钮，在弹出的"剪贴画"面板中单击"搜索"按钮，在下面的"剪贴画"列表中选择需要的图片即可，如图 4-93 所示。

步骤 3：单击剪贴画，鼠标指针形状变成两角箭头，拖动鼠标，使它和页面等宽。

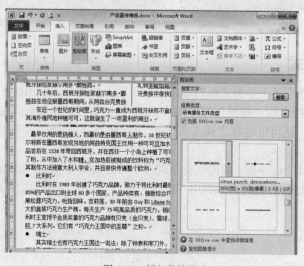

图 4-93 插入剪贴画

二、插入图片

步骤 1：单击"插入"→"插图"→"图片" 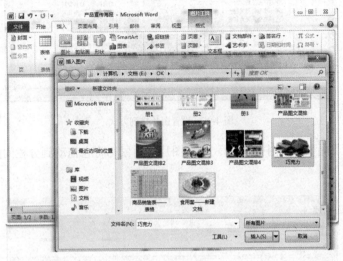 图片 按钮，打开"插入图片"对话框。

步骤 2：在"插入图片"对话框中，选择图片文件位置，单击要插入的图片名字。

步骤 3：单击"插入"按钮即可，如图 4-94 所示。

图 4-94　插入图片

步骤 4：单击要调整大小的图片，单击"图片工具 格式"→"大小"组右下角的"对话框启动器"，打开"布局"对话框。

步骤 5：在"布局"对话框中设置图片的宽度 4cm 和高度 3.8cm 即可，如图 4-95 所示。

步骤 6：设置图片的环绕方式。单击"排列"组中的"自动换行" 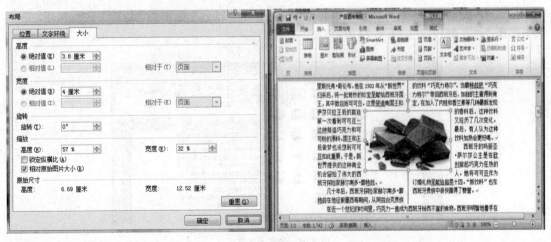 自动换行 按钮，在列表中选择环绕方式为"四周型环绕"，如图 4-96 所示。

图 4-95　调整图片大小

图 4-96　设置图片排列方式

步骤 7：设置图片在文档中的位置。单击图片，用鼠标将它拖动到分栏间隔线的左边位置，如图 4-97 所示。

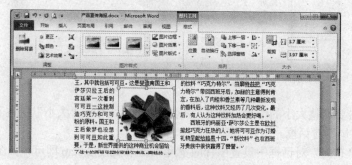

图 4-97　设置图片在文档中的位置

步骤 8：设置图片样式。单击图片，然后单击"图片样式"组样式框中的预设样式"映像圆角矩形"，如图 4-98 所示。

步骤 9：复制图片并旋转图片。旋转操作为：单击"排列"组中的"旋转" 🔄 旋转· 按钮，在列表中选择"水平翻转"，如图 4-99 所示。

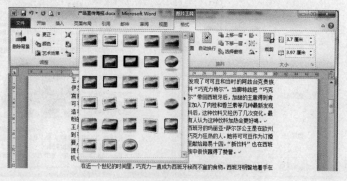

图 4-98　设置图片样式

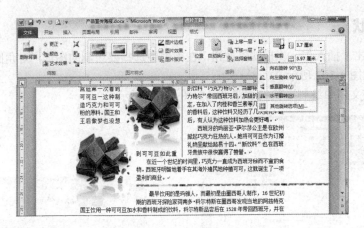

图 4-99 旋转图片

步骤 10：设置图片在文档中的位置。选中步骤 9 中的图片，用鼠标拖动到分栏间隔线右边位置。

步骤 11：设置图片对齐方式。单击第一张图片，按住 Shift 键，同时单击第二张图片，选中两张巧克力图片，单击"排列"组中的"对齐"按钮，在列表中选择"顶端对齐"，如图 4-100 所示。

图 4-100 设置图片对齐方式

步骤 12：图片组合。选中两张巧克力图片，单击"排列"组中的"组合"按钮，在弹出的列表中选择"组合"，如图 4-101 所示。

图 4-101 组合

三、插入形状

步骤 1：单击"插入"→"形状"按钮，在列表中选择要绘制的图形"对角圆角矩形"，切换为绘制状态，如图 4-102 所示。

拖动鼠标在文档中绘制形状大小即可，如图 4-103 所示。

图 4-102　选择要绘制的形状样式

图 4-103　绘制形状

在绘制图形时，按住 Shift 键拖动"椭圆""矩形"以及"直线"绘图工具，可以分别画出正圆形、正方形以及水平或垂直直线。按住 Ctrl 键时，则可以以鼠标为中心开始绘制图形。

步骤 2：编辑形状。

（1）设置图形样式：单击"绘图工具　格式"→"形状样式"→"形状填充"、"形状轮廓"、"形状效果"按钮，快速更改自选图形的外观效果。形状轮廓为深红色单实线，填充色为红色、强调文字颜色 2、淡色 40%，形状效果为内部左上角阴影，如图 4-104 所示。

（2）在图形中添加文字。右击图形，在弹出的快捷菜单中选择"添加文字"命令，在图形中出现一个不断闪烁的光标，输入文字即可，如图 4-105 所示。

图 4-104　设置形状样式

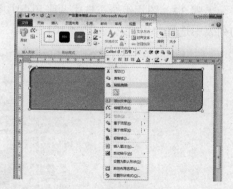

图 4-105　执行"添加文字"命令

在图形中添加了文字后，可以利用"开始"选项卡"字体"组中的按钮来设置图形中文字的格式，最终效果如图 4-106 所示。

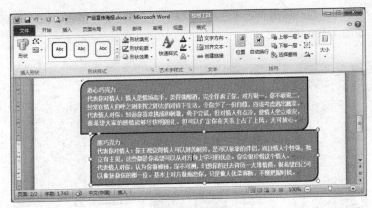

图 4-106　插入文字效果

四、插入艺术字

步骤 1：插入艺术字。在文档中选中标题文字"巧克力之旅"，单击"插入"→"文本"→"艺术字"按钮，在列表中选择第 4 行第 1 列的艺术字样式，如图 4-107 所示。

步骤 2：设置艺术字样式。

（1）设置文本填充效果：单击"绘图工具 格式"→"艺术字样式"→"文本填充"按钮，设置填充颜色为"深蓝、文字 2、淡色 40%"，填充效果为"渐变"中的"中心幅射"，如图 4-108 所示。

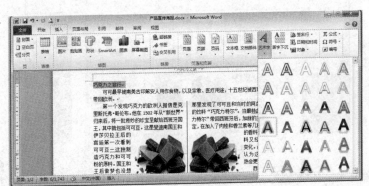

图 4-107　插入艺术字

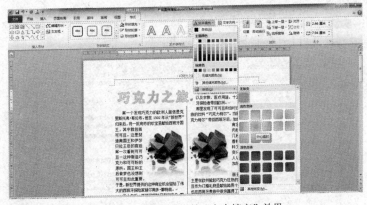

图 4-108　设置艺术字的"文本填充"效果

（2）设置文本轮廓样式：单击"艺术字样式"→"文本轮廓"按钮，设置轮廓颜色为"白色、单实线、1磅"，如图 4-109 所示。

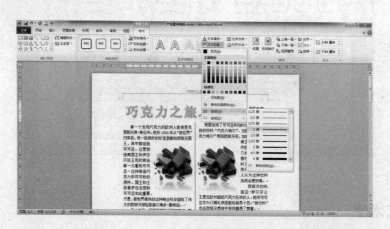

图 4-109 设置艺术字的"文本轮廓"样式

（3）更改文本效果：单击"文本效果"按钮，在列表中选择"转换"，然后在列表中选择要改变的样式为"弯曲"区的"腰鼓"，如图 4-110 所示。

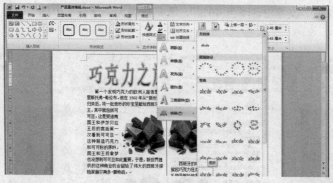

图 4-110 设置艺术字文本效果

步骤 3：设置艺术字环绕方式。选中艺术字，单击"排列"组的"自动换行"按钮，在列表中选择"上下环绕"，如图 4-111 所示。

图 4-111 设置艺术字环绕方式

步骤4：设置艺术字位置。选中艺术字，用鼠标拖动到行正中。

五、插入文本框

步骤1：手动绘制文本框。单击"插入"→"文本"→"文本框"按钮，在列表中选择"绘制文本框"命令，如图 4-112 所示，按住鼠标左键拖动绘制出文本框。此时文本框中有一个不断闪烁的光标。

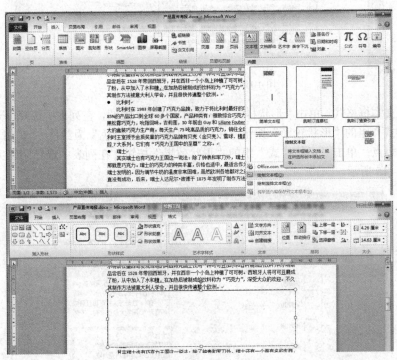

图 4-112 执行"绘制文本框命令"

步骤2：在文本框中输入文字（如图 4-113 所示），对文字进行格式化。

> ❖ 1642 年，巧克力被作为药品引入法国，由天主教人士食用。
> ❖ 1765 年，巧克力进入美国，被托马斯·杰斐逊赞为"具有健康和营养的甜点"。
> ❖ 1847 年，巧克力饮料中被加入可可脂，制成如今人们熟知的可咀嚼巧克力块。
> ❖ 1875 年，瑞士发明了制造牛奶巧克力的方法，从而有了现在所看到的巧克力。
> ❖ 1914 年，第一次世界大战刺激了巧克力的生产，巧克力被运到战场分发给士兵。

图 4-113 在文本框中输入文字效果

步骤3：设置环绕方式。选中文本框，单击"排列"组的"自动换行"按钮，在列表中选择"上下型环绕"。

步骤4：格式化文本框。

（1）设置文本框中的文字方向。单击"绘图工具 格式"→"文本"→"文字方向" 文字方向 按钮，在列表中选择相应的文字方向"水平"，如图 4-114 所示。

（2）设置文本对齐方式。单击"文本"→"对齐文本"按钮，在列表中选择对齐方式为顶端对齐。

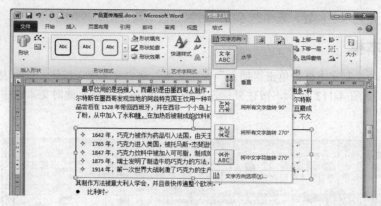

图 4-114　设置文本框内文字方向

（3）设置文本框格式。单击"形状样式"→"形状填充"按钮，在列表中选择"无填充颜色"；单击"形状样式"组的"形状轮廓"按钮，在列表中选择"标准色"为红色、"粗细"为 2.25 磅、"虚线"为划线-点；单击"形状样式"组的"形状效果"按钮，在列表中选择阴影为外部右下斜偏移，如图 4-115 所示。

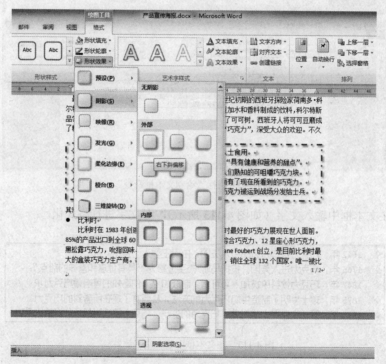

图 4-115　更改文本框形状

步骤 5：设置文本框大小位置。选中文本框，用鼠标拖动到"最早饮用的是玛雅人"段落下面位置。并适当调整大小。

六、对象间的叠放次序

步骤 1：单击"最早饮用……"的上面一行。

步骤 2：插入形状。单击"插入"→"插图"→"形状"按钮，在列表中选择"圆角矩形"，光标形状变成"+",按住鼠标左键拖动到适当位置,插入一个圆角矩形。

步骤3:设置形状环绕方式。选中形状,在选中的区域上单击鼠标右键,在弹出的快捷菜单中选择"自动换行"列表中的"紧密型"。

步骤4:插入艺术字。单击"插入"→"文本"→"艺术字"按钮,在列表中选择第4行第3列的艺术字样式。

步骤5:设置艺术字环绕方式。选中艺术字,在选中的区域上单击鼠标右键,在弹出的快捷菜单中选择"自动换行"列表中的"紧密型"。

步骤6:分别拖动形状和艺术字到文档的适当位置。

步骤7:右击要叠放在上面的艺术字,在弹出的快捷菜单中选择"置于顶层"。效果如图4-116所示。

图4-116 对象的叠放次序

七、插入公式

步骤1:单击要放公式的位置。

步骤2:单击"插入"→"符号"→"公式" π 公式 按钮,在列表中选择所需的内置公式。如果没有符合的,则在列表中选择"插入新公式"命令,出现公式编辑窗口。并且功能区出现"公式工具 设计"选项卡。

步骤3:单击"公式工具 设计"→"结构"→"上下标" e^x 上下标 按钮,在列表中选择符合需要的常用形式进行修改。如果没有符合的,则选择"下标"。

步骤4:在每种结构单击左框,输入"x",单击右边下标框,输入"1,2"。效果为"$x_{1,2}$"

步骤5:选中刚输入的内容,按下键盘上的向右方向键。效果为"$x_{1,2}$"。

步骤6:输入"=",然后单击"结构"组中的"分数"按钮"$\frac{x}{y}$ 分数",选择"竖式"。

步骤7:单击分母框,输入"2a",单击分子框,先输入-b,效果为"$x_{1,2}=\frac{-b}{2a}$"。

步骤8:再单击"符号"组中的"$\pm$"。

步骤9:单击"结构"组中的"根式" $\sqrt[n]{x}$ 根式 按钮。

步骤10:单击根式中的方框,单击"结构"组中的"上下标" e^x 上下标 按钮,选择"上标"。在左框中输入"b",在上标框中输入"2"。

步骤11:选中步骤8中输入的内容,按下键盘上的向右方向键,输入"-4ac"。效果为"$x_{1,2}=\frac{-b\pm\sqrt{b^2}}{2a}$"。输入过程如图4-117所示。

图4-117 插入二元一次方程求根新公式

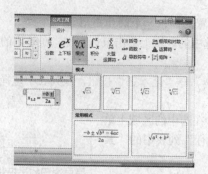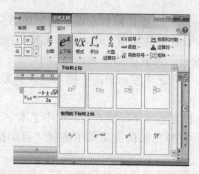

图 4-117　插入二元一次方程求根新公式（续）

在插入公式时，注意光标的高度变化，从而保证在结构内外的恰当位置中输入内容。

5 使用 Excel 2010

项目引入

Excel 是一款用于电子表格制作的应用软件。利用 Excel，不仅能快速制作出电子表格，还能对它进行美化，并对数据进行计算、统计、分析等管理。

学习目标

- 了解电子表格的基本概念和基本功能
- 掌握工作簿和工作表的基本概念和基本操作
- 掌握工作表的格式化
- 了解工作表的打印
- 了解单元格绝对地址和相对地址的概念
- 掌握工作表中公式和函数的使用
- 掌握图表基本操作
- 掌握数据管理的基本操作

任务一 Excel 2010 使用基础

相关知识

一、启动和退出 Excel

1. 启动和退出 Excel

与 Word 类似，有很多种方式可以启动 Excel。

- 使用"开始"菜单：单击"开始"按钮 ，在弹出的"开始"菜单中选择"所有程序"中"Microsoft Office"中的"Microsoft Excel 2010"菜单项，即可启动 Excel 2010。

- 使用桌面快捷图标：双击桌面上的"Microsoft Excel 2010"快捷图标 ，即可启动 Excel 2010。

- 双击 Excel 工作簿文件，如： 。

2. 关闭文档

- 使用"关闭"按钮：直接单击电子表格窗口标题栏中的程序"关闭"按钮 ✕ 。
- 使用右键快捷菜单：在标题栏空处单击鼠标右键，从弹出的快捷菜单中选择"关闭"菜单项。
- 使用"Excel"按钮：在"快速访问工具栏"的左上角单击"Excel"按钮 🗶 ，在弹出的下拉菜单中选择"关闭"菜单项。

二、Excel 2010 工作界面

Excel 2010 的工作界面如图 5-1 所示。

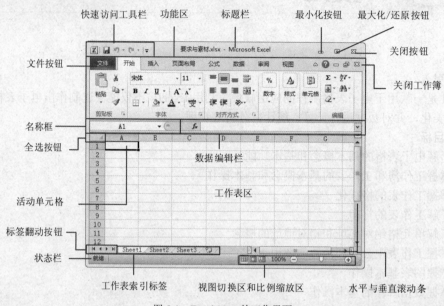

图 5-1　Excel 2010 的工作界面

（1）快速访问工具栏：主要包括一些常用命令。默认情况下，该工具栏包含了"保存" ■、"撤销" ■ 和"重复" ■ 按钮。单击快速访问工具栏的最右端的" ■ 下拉"按钮，可以添加其他常用命令。

（2）标题栏：显示当前程序与文件名称（首次打开程序，默认文件名为"工作簿 1"）和一些窗口控制按钮。标题栏右侧的 3 个窗口控制按钮 ■ ■ ■。

（3）功能区：用选项卡的方式分类放置编排文档时所需的常用工具。单击功能区中的选项卡标签可切换到不同的选项卡，从而显示不同的工具；在每个选项卡中，工具又被分类放置在不同的组中，如图 5-2 所示。某些组的右下角有个"对话框启动器"按钮。

图 5-2　功能区组成

（4）名称框：显示目前被用户选取的活动单元格的行列号，如图 5-1 中名称框内所显示的是被选取单元格的行列名"A1"。

（5）编辑栏：数据编辑栏是用来显示目前被选取单元格的内容的，在作表的某个单元格输入数据时，编辑栏会同步显示输入的内容。用户除了可以直接在单元格内输入、修改数据之外，也可以在编辑栏中输入、修改数据。

（6）全选按钮：单击全选按钮，可以选中工作表中所有的单元格。

（7）活动单元格：单击工作表中某一单元格时，该单元格的周围就会显示黑色粗边框，表示该单元格已被选取，称为"活动单元格"，也称"当前单元格"。用户当前进行的操作都是针对活动单元格。

（8）工作表区：工作表区是由多个单元表格行和单元表格列组成的网状编辑区域，可以在这个区域中进行数据处理。

（9）标签翻动按钮：有时一个工作簿中可能包含大量的工作表而使工作表索引标签的区域无法一次性显示所有的索引标签，这时就需要利用标签翻动按钮来帮助用户将显示区域以外的工作表索引标签翻动至显示区域内。

（10）状态栏：显示目前被选取单元格的状态，如，当用户正在单元格输入内容时，状态栏上会显示"输入"两个字。

（11）工作表索引标签：每一个工作表索引标签都代表一张独立的工作表，使用者可通过单击工作表索引标签来切换到某一张工作表，使它成为活动工作表，也称为当前工作表。

（12）水平与垂直滚动条：使用水平或垂直滚动条，可滚动整个文档。

（13）视图切换区和比例缩放区：方便用户选用合适的视图效果，可选用"普通"、"页面布局"、"分页预览"三种视图查看方式，也可方便选择视图比例。

三、工作簿和工作簿窗口

1．工作簿

Excel 2010 中，用户创建的表格是以工作簿文件的形式存储和管理的。

"工作簿"是 Excel 创建并存放在磁盘上的文件，扩展名为.xlsx。启动 Excel 2010 后，Excel 2010 会自动新建一个空白工作簿，并临时命名为"工作簿 1"。

2．工作表和工作表标签

工作簿和工作表的关系好比是文件夹和文件夹里面的文件关系（如图 5-3 所示）。

"工作表"包含在工作簿中，一个工作簿最多可以容纳 255 张工作表。默认情况下，一个工作簿包括 3 个工作表，分别命名为"Sheet1"、"Sheet2"、"Sheet3"。

一个工作表由单元格、行号、列标及工作表标签组成。行号显示在工作表的左侧，依次用数字"1，2，……1048576"表示；列标显示在工作表上方，依次用字母"A，B，……XFD"表示；每个工作表底部都有一个工作表标签，工作表的标签名可以自由修改。

单个某个工作表标签（如图 5-4 所示）就可以切换到该工作表进行编辑。正在被编辑的工作表称为"当前工作表"。用户可根据实际需要添加、重命名或删除工作表。

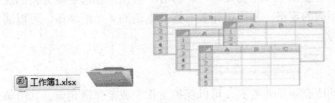

图 5-3 工作簿与工作表   图 5-4 工作表标签

3．单元格和单元格地址、单元格名称

工作表中行与列相交形成的长方形区域，称为"单元格"。它是用来存放数据或公式的基本单位。Excel 2010 用列标和行号表示某个单元格的地址，也是单元格的名称，如 A1 单元格指的就是第 1 行和第 A 列的单元格，B3 指的是第 3 行第 B 列单元格。

四、工作簿基本操作

工作簿的基本操作包括新建、保存、打开和关闭，相应操作过程类似于 Word 文档。

工作表是工作簿中用来分类存储和处理数据的地方，使用 Excel 2010 新建电子表格时，常常需要进行选择、插入、重命名、移动和复制工作表等操作。其中插入、移动和复制工作表等操作需要先选择工作表。

工作表的选择有以下几种情况：

- 选择单个工作表，也称切换工作表，使该工作表变成活动工作表。直接单击该工作表的标签即可。
- 选择多个连续工作表。按住 Shift 键不放，同时单击要选择的工作表标签。
- 选择多个不连续工作表。按住 Ctrl 键不放，同时单击要选择的工作表标签。

 提示　如果需要的工作表标签没有出现在窗口的标签区域，则可以单击工作表标签左侧的标签翻动按钮 ，使需要的工作表标签出现，再进行选择。

五、查看工作簿

1. 冻结窗格

在制作一个 Excel 表格时，如果列数较多，行数也较多时，一旦向下滚屏，则上面的标题行也跟着滚动，在处理数据时往往难以分清各列数据对应的标题；同样的，一旦向右滚屏，也会出现这种问题，利用"冻结窗格"功能可以很好地解决这一问题。

设置冻结窗口可以通过单击"视图"→"窗口"→"冻结窗格"按钮的下拉列表中的相关命令来设置。

冻结窗口主要有三种形式：冻结首行、冻结首列和冻结拆分窗格。

- 冻结首行是指滚动工作表其他部分时保持首行不动。
- 冻结首列是指滚动工作表其他部分时保持首列不动。
- 冻结拆分窗格是指滚动工作表其他部分时，同时保持行和列不动。

2. 拆分窗格

拆分窗口可以将当前活动的工作表拆分成多个窗格，并且在每个被拆分的窗格中都可以通过滚动条来显示整个工作表的每个部分。

选定拆分分界位置的单元格，单击"视图"→"窗口"→"拆分"按钮，在选定单元格的左上角，系统将工作表窗口拆分成 4 个不同的窗格。利用工作表右侧及下侧的 4 个滚动条，可以清楚地在每个部分查看整个工作表的内容。

六、保护工作簿

为防止他人偶然或恶意更改、移动或删除重要数据，可以保护工作表或工作簿元素。其中单元格的保护要与工作表的保护结合使用才有效。

1. 保护工作簿

工作簿文件进行各项操作完成后，选择"快速访问工具栏"中的"保存"命令（如果是已保存过的工作簿文件，选择"文件"菜单中的"另存为"命令），弹出"另存为"对话框，选择好要保存的文件位置和文件名后，单击该对话框下方的"工具"按钮的下拉按钮，选择"常规选项"命令，弹出"保存选项"对话框。

在"保存选项"对话框中给工作簿设置打开密码和修改密码，单击"确定"按钮后，系统会弹出"确认密码"对话框，再输入一次相同的密码并单击"确定"按钮，文件保存完毕（已保存过的文件会提示"文件已存在，要替换它吗？"，选择"是"）。当下次要打开或修改这个工作簿时，系统就会提示要输入密码，如果密码不对，则不能打开或修改工作簿。

在"保存选项"对话框中，删除密码框中的所有"*"号即可删除密码，撤销工作簿的保护。

2．保护单元格

全选工作表，单击鼠标右键，在弹出的菜单中选择"设置单元格格式"命令，打开"设置单元格格式"对话框，选择"保护"选项卡，取消"锁定"选项，单击"确定"按钮。选中需要保护的数据区域，重新勾选刚才"保护"选项卡中的"锁定"选项，单击"确定"按钮。再执行下面的工作表保护，即可实现对单元格的保护。

3．保护工作表

选择要进行保护的工作表标签，单击"审阅"→"更改"→"保护工作表"按钮，弹出"保护工作表"对话框。在对话框中设置保护密码，选择保护内容，以及允许其他用户进行修改的内容，单击"确定"按钮。

工作表被保护后，当在被锁定的区域内输入内容时，系统会提示警告框，用户无法输入内容。

在保护工作表中设置可编辑数据区域：选定允许编辑区域，单击"审阅"→"更改"→"允许用户编辑区域" 🔲允许用户编辑区域 按钮，在"允许用户编辑区域"对话框中单击"新建"按钮，然后在"新区域"对话框中设置单元格区域及密码，单击"权限"按钮还可以设置各用户权限，单击"确定"按钮，再选择"保护工作表"按钮，进行工作表保护即可。

七、隐藏工作簿

1．隐藏工作簿

单击"视图"→"窗口"→"隐藏" 🔲隐藏 按钮，即把当前工作簿隐藏。

单击"视图"→"窗口"→"取消隐藏" 🔲取消隐藏 按钮，在弹出的对话框中勾选隐藏的工作簿名，则取消对该工作簿的隐藏。

2．隐藏工作表

单击鼠标右键要隐藏的工作表标签，在弹出的菜单中选择"隐藏"命令，即把该工作表隐藏。

单击鼠标右键任意工作表标签，在弹出的菜单中选择"取消隐藏"命令，在弹出的对话框中勾选隐藏的工作表名，则取消该工作表的隐藏。

任务实施

一、启动 Excel 2010，新建 Excel 2010 工作簿

步骤 1：单击"开始"按钮🔳。

步骤 2：在弹出的"开始"菜单中选择"所有程序"中"Microsoft Office"中的"Microsoft Excel 2010"，启动 Excel 2010。并自动创建一个空白工作簿（如图 5-5 所示）。

如果要新建其他工作簿，可单击"文件"选项卡，在列表中选择"新建"，在"可用模板"列表中选择相应选项，如"空白工作簿"，然后单击"创建"按钮。创建空白工作簿还可以直接按"Ctrl+N"组合键。

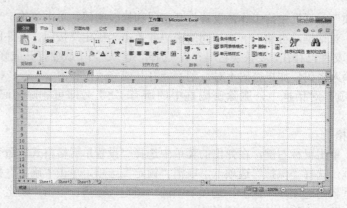

图 5-5　新建工作簿

二、输入工作表内容

步骤 1：单击"Sheet1"工作表标签，使它成为活动工作表。

步骤 2：单击单元格 A1，使它成为活动单元格，输入该单元格内容，按 Enter 键。

步骤 3：按 Tab 键或方向键，依次在各单元格中输入单元格内容，如图 5-6 所示。

图 5-6　录入内容

三、工作表操作

1．插入工作表

步骤 1：单击 Sheet3 工作表标签右边的"插入" 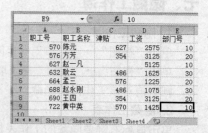 按钮，在所有工作表的右侧直接插入一个新工作表 Sheet4。

步骤 2：依次在单元格中输入如图 5-7 所示内容。

如果想在一个已有的工作表左侧插入新工作表，则切换到该工作表，单击"开始"→"单元格"→"插入" 按钮→"插入工作表"按钮 ；或右击该工作表标签，在弹出的快捷菜中选择"插入"命令，在弹出的"插入"对话框选择"工作表"，单击"确定"按钮（如图 5-8 所示）。

图 5-7　在所有工作表右侧插入工作表

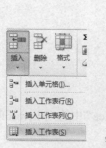

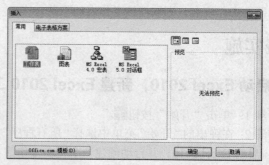

图 5-8　在指定工作表左侧插入新工作表

2．移动工作表

将 Sheet4 工作表移动到 Sheet1 工作表右边。

步骤 1：单击 Sheet4 工作表标签，选中该工作表，使它成为活动工作表。

步骤 2：按住鼠标左键不放，拖动鼠标到 Sheet1 工作表标签右边，如图 5-9 所示。

3．复制工作表

步骤 1：单击 Sheet4 工作表标签。

步骤 2：按住 Ctrl 键不放，同时按住鼠标左键拖动到 Sheet2 工作表标签左边，如图 5-10 所示。

| | 图 5-9　移动工作表 | 图 5-10　复制工作表 |

如果同一工作簿的工作表距离比较远，或者分属于不同的工作簿，可以将光标指向工作表标签处，单击鼠标右键，在弹出的快捷菜单中选择"移动或复制"命令，在弹出的对话框（如图 5-11 所示）中选择工作表移到的位置（如果是另外的工作簿，则先在对话框的"工作簿"下拉列表中选择目标工作簿名字），使工作表移动。如果勾选"建立副本"，则表示复制工作表操作。

> 提示
>
> 系统对复制得到的工作表提供的名字与原工作表同名，但在一对括号中用数字表示为工作表副本（如图 5-12 所示）。

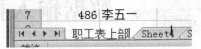

图 5-11　移动和复制工作表　　　　图 5-12　工作表副本

4．重命名工作表

步骤 1：双击 Sheet1 工作表标签，进入编辑状态，输入"职工表上部"，按 Enter 键。

步骤 2：双击 Sheet4 工作表标签，进入编辑状态，输入"职工表下部"，按 Enter 键。

步骤 3：双击 Sheet4（2）工作表标签，进入编辑状态，输入"职工表下部副本"，按 Enter 键，如图 5-13 所示。

图 5-13　重命名工作表

5．删除工作表

步骤 1：单击 Sheet2 工作表标签。

步骤 2：单击鼠标右键，在弹出的快捷菜单中选择"删除"命令。

步骤 3：在弹出的提示信息框中，单击"删除"按钮，如图 5-14 所示。

图 5-14 删除工作表

也可以单击要删除的工作表标签，单击"开始"→"单元格"→"删除"按钮，在列表中选择"删除工作表"命令（如图 5-15 所示）。

图 5-15 删除工作表

四、保存工作簿

步骤 1：单击"自定义快速访问工具栏"中的"保存" 按钮。

步骤 2：在弹出的"另存为"对话框中，下拉选择文档保存位置（磁盘驱动器和文件夹），输入工作簿名字"职工表"（E:\项目\项目 5\职工表.xlsx）。

步骤 3：单击"保存"按钮，如图 5-16 所示。

图 5-16 保存工作簿

五、退出 Excel

步骤 1：单击 Excel 窗口右上角的"  "按钮。

任务二 数据输入和工作表编辑

相关知识

一、输入数据

在 Excel 中，录入的数据可以是文字、数字、函数和日期等。

1．数字数据的输入

数字数据由数字 0-9 及一些符号（如小数点、+、-、$、%...）所组成，例如 15.36、-99、$350、75%等。日期与时间也属于数字数据，只不过含有少量的文字或符号，例如：2012/06/10、08:30PM、3 月 14 日…等。

Excel 中，数字在单元格中的对齐方式默认是右对齐。一般地，数字数据直接输入。

（1）输入负数时，必须在数字前面加一个负号或给数字加上小括号。

（2）输入分数时，先要输入 0 和一个空格，再输入分数。

输入的数据大于或等于 12 位时，数据的显示方式会变成科学计数法，如果不想以这种格式显示数据，则需要将数据转变为文本进行输入。

2．文本型数据输入

Excel 中，文本在单元格中的对齐方式默认是左对齐。输入时，先输入单引号，再输入文本。

3．日期期数据输入

（1）日期格式

日期格式有年-月-日、月-日-年、日-月-年。默认为年/月/日。

（2）时间格式

时间格式有时：分 am（pm）、时:分:秒 am（pm）、时:分、时:分:秒。默认为"时:分"和"时:分:秒"。

在单元格输入年-月-日或输入月-日，按 Enter 键，则会转换成符合默认的日期和时间格式。

二、自动完成和自动填充数据

1．自动完成

用于自动输入列中已有的值。如果在单元格中输入的前几个字符与该列中的某个现有内容匹配，Excel 会自动输入剩余的字符。

（1）如果自动输入的内容正好是想输入的内容，按 Enter 键。

（2）如果自动输入的内容不是想要的内容，继续完成输入。

> 提示　Excel 仅自动完成包含文本或文本和数字组合的内容。不会自动完成只包含数字、日期或时间的内容。

当同列中出现两个以上单元格数据雷同时，Excel 在无从判定内容的情况下，将暂时无法使用自动完成功能。当继续输入至 Excel 可判断的内容，才会显示自动完成的文字内容。

2．自动填充

根据某种模式或基于其他单元格中的内容，使用"自动填充"功能在单元格中填充数据、公式或序列，而不需在工作表中手动输入数据。

（1）填充柄

"填充句柄"，是指位于当前活动单元格右下方的黑色方块"▭▭"，当鼠标变为黑色的十字型"╋"时，可以用鼠标拖动填充句柄进行自动在其他单元格填充与活动单元格内容相关的数据。如序列数据或相同数据。

（2）序列数据

是指有规律地变化的数据，如日期、时间、月份、等差或等比数列。要填充指定步长的等差或等比序列，可在前 2 个单元格中输入序列的前 2 个数据，如在 A1、A2 单元格中分别输入 1 和 3，然后选定这 2 个单元格，并拖动所选单元格区域右下角的填充柄到要填充的目标区域。也可以按鼠标右键拖动填充柄，到目标区域处释放鼠标，在弹出的菜单中选择"填充序列"。

三、编辑单元格数据

编辑工作表时，可以修改单元格数据，将单元格或单元格区域中的数据移动或复制到其他单元格或单元格区域，还可以清除单元格或单元格区域中的数据，以及在工作表中查找和替换数据等。

1. 数据的修改

输入数据后，若发现错误或者需要修改单元格内容，可以先单击单元格，再到编辑栏进行修改；或者双击单元格，再将光标定位到单元格内相应的修改位置处进行修改。

2. 数据的删除

选定单元格后按 Delete 键或 Backspace 键进行删除，删除单元格中的内容，单元格格式和批注等内容会保留下来。其中，Backspace 键只删除一个单元格数据。

还可以在选中单元格后，在选中的区域上单击鼠标右键，在弹出的快捷菜单中选择"清除内容"命令。

3. 清除

输入数据时，除输入了数据本身之外，有时还会输入数据的格式、批注等信息。在需要删除特定的内容时，如仅仅要删除单元格格式、批注，或者要将单元格中的所有内容全部删除，都需要使用功能区中"开始"选项卡下"编辑"组中的"清除"按钮下拉列表中的"清除"命令。

清除有如下几个选项（如图 5-17 所示），可根据实际需要选择执行：

- 全部清除：删除选中单元格的内容和格式、批注、超链接等，只保留单元格。
- 清除格式：只删除选中单元格的格式，内容和单元格仍保留。
- 清除批注：只删除选中单元格的批注，其余的都保留。
- 清除超链接：只删除选中单元格的超链接，其余的都保留。

图 5-17 清除

四、编辑单元格

1. 选择

- 选择单元格：鼠标移到要选择的单元格上，然后单击。还可使用键盘上的方向键。

- 选择连续区域：鼠标从连续区域的左上角单元格，拖动到连续区域的右下角单元格；或者单击连续区域的左上角单元格，按住 Shift 键不放，单击连续区域的右下角单元格。
- 选择不连续区域：单击区域中的第一单元格，按住 Ctrl 键不放，再依次单击其他的单元格。
- 选择行或列：鼠标移到该行左侧的行号或该列顶端的列标上，当鼠标指针形状变成"➡"或"⬇"形状时，单击行号或列标。若选择连续多行或多列，可在行号或列标上按住鼠标左键并拖动。若要选择不相邻的多行或多列时，可在操作中按住 Ctrl 键不放。
- 选择工作表：单击工作表区左上角行号和列标交叉处的"全选" 按钮。

> 如果只想选择一个单元格中的部分内容，则双击该单元格，进入编辑状态，用鼠标拖动的方法选择部分内容。或者单击该单元格，在编辑栏中选择部分内容。

2．插入行、列、单元格

如果需要在工作表某行上方插入一行或多行，或在工作表某列左侧插入一列或多列，或在工作表的某单元格上方或左侧插入单元格，则方法有：

- 单击"开始"→"单元格"→"插入"按钮，在列表中选择相应的命令。
- 直接插入行或列在选中的区域上单击鼠标右键，在弹出快捷菜单中选择"插入"命令，如图 5-18 所示。

但是，当操作时选中的是单元格，则在在选中的区域上单击鼠标右键，在弹出的快捷菜单中执行"插入"命令，或在"开始"选项卡上的"单元格"组中的"插入单元格"时，会弹出一个"插入"对话框，根据实际需要进行相应选择，如图 5-19 所示。

> 如果想一次插入多行或多列，则在操作前先选中需要插入行数的行或列数的列。

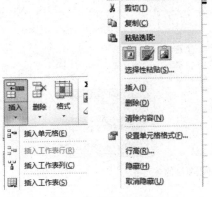

图 5-18　插入行/列/格

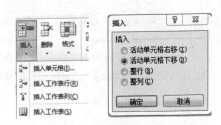

图 5-19　选中单元格后执行"插入单元格"

3．移动、复制行、列、单元格

（1）行、列、单元格的移动和复制

行、列、单元格的移动和复制操作类似于 Word 文档中文本的移动和复制。可以用鼠标拖动，或"开始"选项卡上的"剪贴板"组中"剪切"命令（快捷键 Ctrl+X）、"复制"命令（快捷键 Ctrl+C）和"粘贴"命令（快捷键 Ctrl+V）实现。

（1）复制公式时，将公式粘贴到目标区域后，Excel 会自动将目标区域的公式调整为该区域相关的相对地址，因此如果复制的公式仍然要参照到原来的单元格地址，该公式应该使用绝对地址。

（2）为了避免移动、复制区域和粘贴区域的形状不同而不能正常操作（如图 5-20 所示）。对于复制的选择区域不是行或列，在执行粘贴操作前，建议先选中粘贴区域的第 1 格。

图 5-20 执行"粘贴"命令后的提示对话框

（2）粘贴和选择性粘贴

单元格里含有多种属性：数据、公式和计算结果、单纯的文字或数字资料、内容的格式等。可利用选择性粘贴，只复制、粘贴单元格的指定属性。

（3）插入复制的单元格、插入剪切的单元格

如果粘贴区域已有数据存在，直接将复制的数据粘贴上去，则原有数据被覆盖或屏幕会出现提示信息。

为了保留原有数据，在执行移动或复制操作后，选中粘贴区域的第 1 单元格后，使用"插入复制的单元格"、"插入剪切的单元格"命令。如果复制或剪切区域是单元格，则会弹出"插入粘贴"对话框进行选择（如图 5-21 所示）。

如果移动或复制的是行或列，则粘贴区域也要选择行或列。

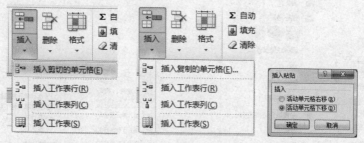

图 5-21 插入剪切的单元格、插入复制的单元格

4．删除行、列、单元格

方法有：

（1）单击"开始"→"单元格"→"删除"按钮，在列表中选择相应命令。

（2）在选中的区域上单击鼠标右键，在弹出的快捷菜单中选择"删除"命令（如图 5-22 所示）。

当操作前选中的是单元格时，执行"删除单元格"或快捷菜单中的"删除"命令后，会弹出"删除"对话框进行选择，如图 5-23 所示。

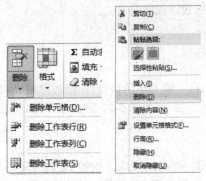
图 5-22 选中行或列的删除行/列

图 5-23 选中单元格后执行"删除单元格"

任务实施

一、启动 Excel，打开工作簿

步骤 1：单击任务栏中"▇▇"按钮，打开资源管理器。

步骤 2：找到工作簿位置 E:\项目\项目 5，双击工作簿名字"职工表.xlsx"。

二、编辑单元格

1．插入性别、工作职位、工作日期列数据

步骤 1：单击"职工表上部"工作表标签，使它成为活动工作表。

步骤 2：鼠标放在工作表顶端的标号 C 上，光标变成"↓"形状，按住鼠标左键拖动选择 C 列和 D 列，即选中"津贴"列和"工资"列。在选中的区域上单击鼠标右键，在弹出的快捷菜单中选择"插入"命令，在"津贴"列左边插入 2 列。

步骤 3：同步骤 2，选中 F 列，即选中"工资"列。在选中的区域上单击鼠标右键，在弹出的快捷菜单中选择"插入"，在"工资"列左边插入 1 列。

步骤 4：在各单元格输入相应内容，如图 5-24 所示。

（1）复制、粘贴

单击 C2 单元格，输入"男"。然后选中该单元格，在选中的区域上单击鼠标右键，在弹出的快捷菜单选择"复制"命令。鼠标拖动选择 C5:C7 区域，在选中的区域上单击鼠标右键，在弹出的快捷菜单选择"粘贴"命令，则 C5、C6、C7 单元格的数据都为"男"（如图 5-25 所示）。

将单元格的属性粘贴到目标单元格之后，目标单元格旁边会出现"粘贴选项" ▇(Ctrl)▾ 按钮，若单击此钮，可显示选项（如图 5-26 所示）来改变所要粘贴的单元格属性。

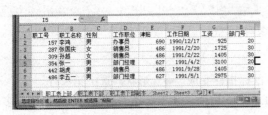
图 5-24 插入列

图 5-25 复制、粘贴数据

图 5-26 粘贴选项

列表中从上到下的各个选项分别是：

① 粘贴全部内容，粘贴公式，粘贴公式和数字格式，保留源格式。

② 不粘贴边框，保留源列宽，行列转置。

③ 粘贴值，粘贴值和数字格式，粘贴值和源格式。

（2）自动完成

单击 D2 单元格，输入"办事员"；单击 D3 单元格，输入"销售员"；然后单击 D4 单元格，输入"办事"时，Excel 2010 自动完成剩余部分内容"员"（如图 5-27 所示），按 Enter 键。如果不是，则可人工输入。

（3）日期型数据

单击 F2 单元格，输入"1990-12-17"，按 Enter 键，则自动变成"1990/12/17"格式。

步骤 5：单击"职工表下部"工作表标签，重复操作步骤 2 至步骤 4。效果如图 5-28 所示。

图 5-27 自动完成

图 5-28 日期型数据

2．复制单元格

步骤 1：单击"职工表下部"工作表标签，选择表中需要复制的区域 A1:H9，在选中的区域上单击鼠标右键，在弹出的快捷菜单中选择"复制"命令。

步骤 2：单击"职工表上部"工作表标签，单击需要粘贴的区域的起始单元格 A8，在选中的区域上单击鼠标右键，在弹出的快捷菜单中选择"粘贴选项"中的"粘贴"命令，如图 5-29 所示。

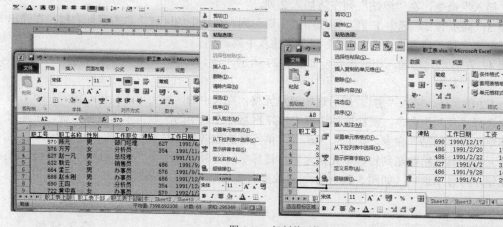

图 5-29 复制单元格

3．删除单元格

步骤 1：鼠标放在工作表左侧的行号 8 上，鼠标指针变成"➡"形状，选中第 8 行。

步骤 2：在选中的区域上单击鼠标右键，在弹出的快捷菜单中选择"删除"命令，则将多余的列标题行删除。

4．插入"序号"列

步骤 1：选中 A 列，即"职工号"列，在选中的区域上单击鼠标右键，在弹出的快捷菜单中选取"插入"命令,在"职工号"列前增加 1 列。

步骤 2:单击 A1 单元格,在 A1 单元格中输入"序号";单击 A2 单元格,在 A2 单元格中输入"1"。

步骤 3:鼠标移到 A2 单元格右下角的填充柄上,此时光标变成"+"号,按住 Ctrl 键不放,同时按住鼠标左键向下拖动,至目标单元格 A15 后释放鼠标左键。则 A2:A15 单元格数据为 1~14 的等差数列,如图 5-30 所示。

	A	B	C	D	E	F	G	H	I
1	序号	职工号	职工名称	性别	工作职位	津贴	工作日期	工资	部门号
2	1	157	李鸿	男	办事员	690	1990/12/17	925	20
3	2	287	张国庆	女	销售员	486	1991/2/20	1725	30
4	3	309	孙越	女	销售员	486	1991/2/22	1405	30
5	4	354	张一	男	部门经理	627	1991/4/2	3100	20
6	5	442	胡虎	男	销售员	486	1991/9/28	1405	30
7	6	486	李五一	男	部门经理	627	1991/5/1	2975	30
8	7	570	陈元	男	部门经理	627	1991/6/9	2575	10
9	8	576	方芳	女	分析员	354	1991/11/9	3125	20
10	9	627	赵一兵	男	总经理		1991/11/17	5125	10
11	10	632	耿云	男	销售员	486	1991/9/23	1625	30
12	11	664	孟三	男	办事员	576	1991/9/23	1225	20
13	12	688	赵永刚	男	办事员	486	1991/12/3	1075	30
14	13	690	王四	男	分析员	354	1991/12/3	3125	20
15	14	722	黄中英	女	办事员	570	1992/1/23	1425	10
16									

（a）自动填充

（b）自动填充选项

图 5-30 自动填充和自动填充选项

提示

完成自动填充操作后,在目标单元格的右下角填充柄处会出现"自动填充选项" ,供用户根据实际需要选择自动填充的类型:
- 复制单元格:填充相同数据和格式。
- 填充序列:填充等差、等比或自定义序列。
- 仅填充格式:只填充相同格式。
- 不带格式填充:只填充数据。

自动填充还可以在输入 A2 单元格数据后,单击"开始"→"编辑"→"填充" 右侧的下拉按钮,在列表中选择"序列",然后在弹出的"自动填充对话框"(如图 5-31 所示)完成设置。

5. 插入行

给工作表增加表标题行"××公司职工情况表"。

步骤 1:选中第 1 行,在选中的区域上单击鼠标右键,在弹出的快捷菜单中选择"插入"命令,则在第 1 行的上面插入 1 行。

步骤 2:选中 A1 单元格,在 A1 单元格中输入"××公司职工情况表",如图 5-32 所示。

图 5-31 "填充"对话框

	A	B	C	D	E	F	G	H	I
1	××公司职工情况表								
2	序号	职工号	职工名称	性别	工作职位	津贴	工作日期	工资	部门号
3	1	157	李鸿	男	办事员	690	1990/12/17	925	20
4	2	287	张国庆	女	销售员	486	1991/2/20	1725	30
5	3	309	孙越	女	销售员	486	1991/2/22	1405	30
6	4	354	张一	男	部门经理	627	1991/4/2	3100	20

图 5-32 插入行

6. 移动行、列

将"部门号"列移动到"序号"列的右边。

步骤 1：选中 I 列，即"部门号"列，在选中的区域上单击鼠标右键，在弹出的快捷菜单中选择"剪切"命令。

步骤 2：选中 B 列，即"职工号"列，在选中的区域上单击鼠标右键，在弹出的快捷菜单中选择选择"插入剪切的单元格"命令，如图 5-33 所示。

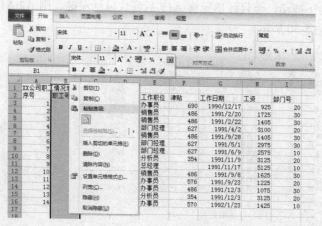

图 5-33　插入剪切的单元格

三、编辑数据

1．将 F2 单元格的内容"工作职位"修改为"工作岗位"

步骤 1：光标移动指向 F2 单元格，双击 F2 单元格，进入编辑状态。

步骤 2：使用方向键移动光标，使光标在"职"右边。

步骤 3：按 Backspace 键，删除"职"字。

步骤 4：输入"岗"字，按 Enter 键，如图 5-34 所示。

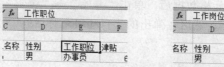

图 5-34　在单元格中修改单元格数据

或者按以下方式操作。

步骤 1：单击 F2 单元格。

步骤 2：在编辑栏中，单击"职"字右边，定位光标。

步骤 3：按 Backspace 键，删除"职"字。

步骤 4：输入"岗"字，按 Enter 键，如图 5-35 所示。

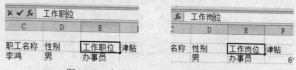

图 5-35　在编辑栏中修改单元格数据

2．将部门号 10、20、30 分别替换成人事部、信息部、销售部

步骤 1：鼠标拖动选择 B3:B16 区域。

步骤 2：单击"开始"→"编辑"→"查找和选择"按钮，在列表中选择"替换"命令，弹出"查找和替换"对话框。

步骤 3：对话框自动切换到"替换"选项卡。在"查找内容"框输入"10"，在"替换为"框中输入"人事部"。

步骤 4：单击"全部替换"按钮，则部门号"10"都变成了"人事部"。

步骤 5：在"查找内容"框输入"20"，在"替换为"框中输入"信息部"。

步骤 6：单击"全部替换"按钮，则部门号"20"都变成了"信息部"。

步骤 7：在"查找内容"框输入"30"，在"替换为"框中输入"销售部"。

步骤 8：单击"全部替换"按钮，则部门号"30"都变成了"销售部"，如图 5-36 所示。

图 5-36　查找和替换

四、工作表操作

1．重命名工作表

步骤 1：双击工作表标签"职工表上部"，进入编辑状态。

步骤 2：输入"职工表"，按 Enter 键。则该工作表重命名为"职工表"。

2．复制工作表

步骤 1：选中"职工表"行与列交叉处的"全选" 按钮，即选中整个工作表，在选中的区域上单击鼠标右键，在弹出的快捷菜单中选取"复制"命令。

步骤 2：单击工作表标签 Sheet3，单击单元格 A1，在选中的区域上单击鼠标右键，在弹出的快捷菜单中选取"粘贴"命令。

步骤 3：双击工作表标签 Sheet3，进入编辑状态，输入"职工表副本"，按 Enter 键。则该工作表标签重命名为"职工表副本"，如图 5-37 所示。

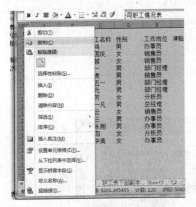
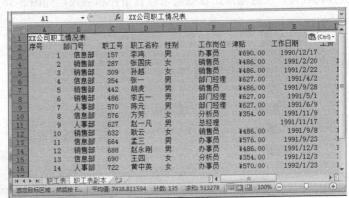

图 5-37　复制工作表

3．删除工作表

步骤 1：单击"职工表下部"工作表标签，在选中的区域上单击鼠标右键，在弹出的快捷菜单中选择"删除"命令，在提示对话框中单击"删除"按钮。

步骤 2：单击"职工表下部副本"工作表标签，在选中的区域上单击鼠标右键，在弹出的快捷菜单中选择"删除"命令，在提示对话框中单击"删除"按钮。

五、保存工作簿文件

单击菜单"文件"选项卡中的"保存"命令。

六、退出 Excel

单击菜单"文件"选项卡中的"退出"命令。

任务三 工作表格式化

相关知识

一、单元格格式

包括单元格内容的字符格式、数字格式和对齐方式，以及单元格的边框和底纹等。可利用"开始"选项卡的"字体"、"对齐方式"和"数字"组中的按钮，或利用"单元格格式"对话框来设置。

二、条件格式

利用设定格式化的条件功能，自动将符合条件规则的单元格套上特别设定的格式，方便识别，更好的对数据进行分析。

1. 条件格式规则

有 3 种条件格式规则选项：

（1）突出显示单元格规则：突出显示所选单元格区域中符合特定条件的单元格。可在列表中选择比较符、任意输入比较数值来设置条件和格式，如图 5-38 所示。

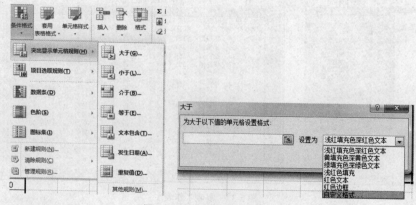

图 5-38 突出显示单元格规则

（2）项目选取规则：与突出显示单元格规则相同，只是设置条件的方式不同。列表中只能选择与最高值、最低值、平均值来设置条件和格式，如图 5-39 所示。

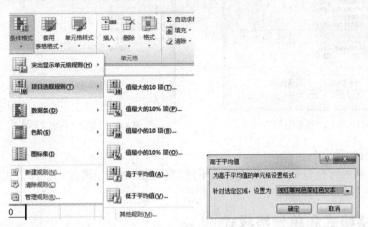

图 5-39　项目选取规则

（3）数据条、色阶和图标集：使用数据条、色阶（颜色的种类或深浅）和图标来标识各单元格中数据值的大小，从而方便查看和比较数据，如图 5-40 所示。

图 5-40　数据条、色阶和图标集

2．新建条件格式规则

单击"开始"→"样式"→"条件格式"，按需要选择相应条件格式规则中的具体的命令或者"其他规则"命令（如图 5-41 所示）。执行命令后，可以从预设的格式列表中选择要显示的格式或者"自定义格式"（如图 5-42 所示），即可打开"设置单元格格式"对话框来自定义要使用的显示格式。

图 5-41 执行"其他规则"命令

图 5-42 执行"自定义格式"

3. 条件规则的管理

条件格式规则的管理包括新建规则、编辑规则和删除规则。通过"条件格式规则管理器"对话框完成条件格式规则的管理操作。

三、套用表格格式和单元格样式

Excel 2010 中内置了已设置好的单元格样式和表格格式（如图 5-43 和图 5-44 所示），可供用户选择使用，快速美化工作表和单元格。

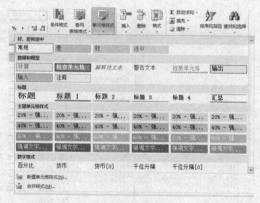

图 5-43 单元格样式

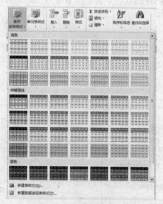

图 5-44 套用表格格式

当工作表应用了"套用表格格式"后，功能区会出现"格式工具设计"选项卡（如图 5-45 所示）。

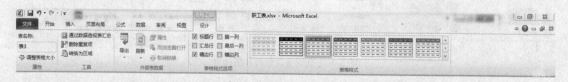

图 5-45 "格式工具设计"选项

任务实施

一、表格格式

打开"E:\项目\项目 5\职工表.xlsx"工作簿，切换到"职工表副本"工作表，对该工作表进行格式化。

1. 套用表格格式

步骤 1：鼠标拖动选择单元格区域 A2:I16。

步骤 2：单击"开始"→"样式"→"套用表格格式"按钮，在列表中选择表格格式第 3 行的第 2 列"表样式 浅色 16"，弹出"套用表格式"对话框。

步骤 3：在"套用表格式"对话框中，查看"表数据的来源"框中显示的选择范围。若需重新选择，则单击输入框右边的展开按钮"![图]"，然后回到工作表界面重新选择范围，再单击展开按钮"![图]"回到对话框；若表包含标题，则勾选"表包含标题"，单击"确定"按钮，如图 5-46 所示。

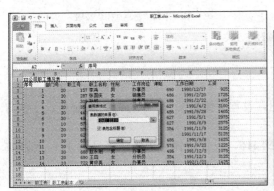

图 5-46 套用表格格式

2. 套用单元格样式

步骤 1：鼠标拖动选择单元格区域 A2:I2。

步骤 2：单击"开始"→"格式"→"单元格样式" ![单元格样式] 按钮，在列表中选择样式"标题 2"，如图 5-47 所示。

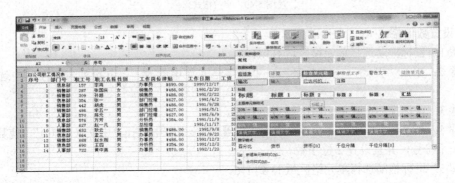

图 5-47 单元格样式

二、单元格格式

1. 设置对齐方式

步骤 1：鼠标拖动选择单元格区域 A1:I1。

步骤 2：单击"开始"→"对齐方式"→"合并后居中"按钮。

步骤 3：选中其他数据范围。

步骤 4：单击"开始"→"对齐方式"→"居中" 按钮和"垂直居中" 按钮，如图 5-48 所示。

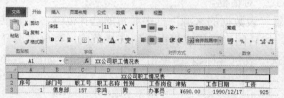

（a）选中单元格区域 A1:I1

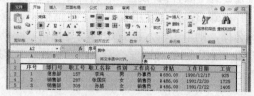

（b）单击"垂直居中"按钮

图 5-48　设置对齐方式

2．字符格式化

步骤 1：选中合并后的单元格 A1。

步骤 2：单击"开始"→"字体"组中的按钮，设置字体为隶书、字号为 22、加粗、字色为白色、底纹（填充）为蓝色。

步骤 3：选中工作表其他数据范围，即 A3 到 I16。设置字体为宋体，字号为 12，效果如图 5-49 所示。

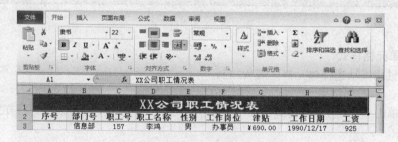

图 5-49　字符格式化

3．设置数值格式

步骤 1：鼠标拖动选择单元格区域 H3:H16。

步骤 2：单击"开始"→"数字"→"数字格式"中的 常规 下拉列表，在其中选择"短日期"。

步骤 3：鼠标拖动选择单元格区域 G3:G16。

步骤 4：在"数字"组的"会计数字格式" 下拉列表中选择"中文（中国）"，使数据前面加上人民币符号，并且设置 2 位小数。

步骤 5：鼠标拖动选择单元格区域 I3 到 I16。

步骤 6：在"数字"组的"数字格式" 常规 下拉列表中选择"数字"，设置数据有 2 位小数，如图 5-50 所示。

4．条件格式

要求将"工资"列中的数据单元格按条件格式：数据＜1500，则单元格背景色为红色，1500≤数据≤3000，则单元格背景色为绿色，3000＜数据，则单元格背景色为蓝色。

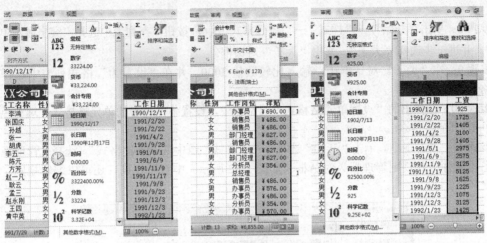

图 5-50 设置数值格式

步骤 1：鼠标拖动选择单元格区域 I3 到 I16。

步骤 2：单击"开始"→"样式"→"条件格式" 按钮，在列表中选择"突出显示单元格规则"，并进一步选择"小于"，弹出"小于"对话框。

步骤 3：在"小于"对话框中，输入比较数值 1500，并在"设置为"格式列表中选择"自定义格式"。

步骤 4：在弹出的"设置单元格格式"对话框中，设置条件符合的单元格格式：填充色为红色。单击"确定"按钮，如图 5-51 所示。

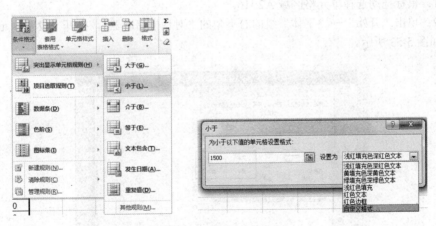

图 5-51 "小于"条件格式

步骤 5：单击"开始"→"样式"→"条件格式" 按钮，在列表中选择"突出显示单元格规则"，并进一步选择"介于"，弹出"介于"对话框。

步骤 6：在"介于"对话框中，输入比较数值 1500 和 3000，并在"设置为"格式列表中选择"自定义格式"。

步骤 7：在弹出的"设置单元格格式"对话框中，设置条件符合的单元格格式：填充色为绿色。单击"确定"按钮。

步骤 8：单击"开始"→"样式"→"条件格式"  按钮，在列表中选择"突出显示单元格规则"，并进一步选择"大于"，弹出"大于"对话框。

步骤 9：在"大于"对话框中，输入比较数值 3000，并在"设置为"格式列表中选择"自定义格式"。

步骤 10：在弹出的"设置单元格格式"对话框中，设置条件符合的单元格格式：填充色为蓝色。单击"确定"按钮。

步骤 11：查看规则。单击"开始"选项卡→"样式"组中的"条件格式"，选择"管理规则"，在弹出"条件格式规则管理器"对话框（如图 5-52 所示）中查看规则，还可以编辑规则、删除规则。

图 5-52　管理规则

5．边框

步骤 1：鼠标拖动选择单元格区域 A2:I16。

步骤 2：单击"开始"→"字体"组的右下角的"对话框启动器"，打开"设置单元格格式"对话框，如图 5-53 所示。

图 5-53　"设置单元格格式"对话框

步骤 3：在对话框中，切换到"边框"选项卡，选择外边框的样式、颜色，单击"外边框"按钮。选择内边框的样式、颜色，单击"内部"按钮，单击"确定"按钮。

步骤 4：鼠标拖动选择需要调整边框的局部单元格区域 A2:I2，重复操作步骤 2 和步骤 3，在"边框"选项卡中，选择要调整边框线的样式、颜色为黑色双实线，在"边框"预览中，直接单击要调整的边框。则只修改其中的外下边框线为双实线。

建议按照"从整体到局部"的原则设置边框。选取需要调整边框的局部范围时，注意使得选择的范围，恰好将要修改的内边框变成局部范围的外边框。

6. 行高和列宽

步骤 1：选中"职工表"的第一行，在选中的区域上单击鼠标右键，在快捷菜单中选择"行高"，在"行高"对话框中输入 40。

步骤 2：选中"职工表"其他行，在选中的区域上单击鼠标右键，在快捷菜单中选择"行高"，在"行高"对话框中输入 24。

步骤 3：用鼠标拖动每列适当的宽度，使得所有列在同一张打印纸上。鼠标放在行选择区域的行号下边或列选择区域的列标右边，当鼠标指针形状变成双夹子状，拖动鼠标，这时会指示行高或列宽数值。

如果精确设置行高或列宽数值，还可以单击"开始"选项卡→"单元格"→"格式"，在菜单中选择"自动调整行高"、"自动调整列宽"或者利用"列高"、"列宽"弹出的对话框中输入数值（如图 5-54 所示）。

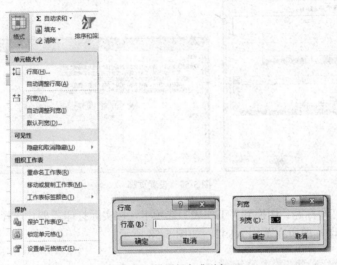

图 5-54 设置行高或列宽

三、页面设置和打印预览

1. 页面设置

步骤 1：单击"页面布局"→"页面设置"组右下角的"对话框启动器" ，弹出"页面设置"对话框。

步骤 2：在"页面设置"对话框中，切换到"页边距"选项卡，设置上、下、左、右页边距。这里设置左边距为 1cm，如图 5-55 所示。

步骤 3：切换到"页眉和页脚"选项卡，在"页眉"下拉列表中选择预设的页眉，或者单击"自定义页眉"，在弹出的对话框中输入自己的页眉内容"职工表"，单击"确定"按钮，如图 5-56 所示。

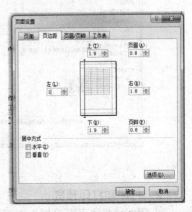

图 5-55 设置页边距

图 5-56 设置页眉

步骤 4：在"页脚"下拉列表中选择预设的页脚；或者单击"自定义页脚"，在弹出的对话框中输入自己的页脚内容，这里插入时间，如图 5-57 所示。

图 5-57 设置页脚

步骤 5：设置打印标题。切换到"工作表"选项卡，按实际打印需要，选择"顶端打印标题"，在工作表中选择打印标题所在范围 A1:I2，如图 5-58 所示。

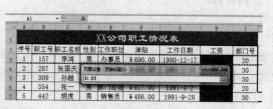

图 5-58 设置"打印标题"

2．打印和打印预览

步骤 1：在"页面设置"对话框中，单击"打印预览"按钮。或者单击菜单"文件"选项卡的

"打印"命令，在窗口的右边呈现出打印的预览效果，如图 5-59 所示。

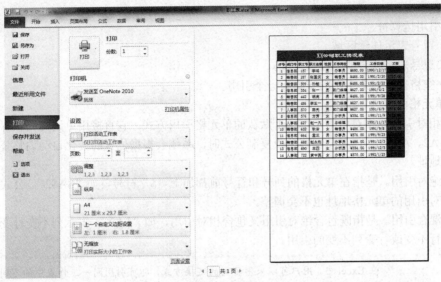

图 5-59 预览和打印

步骤 2：如果需要打印，则单击"打印"按钮。

在"打印和打印预览"窗口中，也能设置页边距、页眉和页脚，但不能设置打印标题。

任务四 使用公式和函数

当需要将工作表中的数字数据做加、减、乘、除等运算时，可以把计算操作交给 Excel 2010 的公式去做，节省人工计算的时间，而且当数据有变动时，公式计算的结果还会立即更新。

相关知识

一、使用公式

公式由运算符和参与运算的操作数组成。运算符可以是算术运算符、比较运算符、文本运算符和引用运算符；操作数可以是常量、单元格引用和函数等。输入公式必须先输入"="，然后在它后面输入运算符和操作数。例如= Al+A2+10。

1. 运算符

（1）数学运算符

+加、-减、*乘、/除、^乘方

（2）比较运算符

>大于、>=大于或等于、<小于、<=小于或等于、=等于、<>不等于

（3）文本运算符

&连接符

（4）引用运算符

①：冒号表示连续区域。

②，逗号表示联合的非连续区域。

③·空格表示多个引用的交集为一个引用。

2．单元格引用

（1）相对引用。相对引用是 Excel 默认的单元格引用方式，它直接用单元的列和行号表示单元格，如 A2、A2:I2、A2,I2。在移动或复制公式时，系统会根据位置的变化自动调整公式中引用的单元格地址。

（2）绝对引用。是指在单元格的列号和行号前都加上"$"符号，如"$A$2"。公式移动或复制时，绝对引用的单元格地址也不会调整。

（3）混合引用。是指既包含绝对引用又包含相对引用，如"$A2"，表示列不变行变。常用于表示列变行不变或行变列不变的引用。

> 在 Excel 中，用户可以采用不同的链接方式，即可引用同一工作表中的不同单元格或一个单元格区域；也可引用不同工作表中的单元格或单元格区域（不论是否是同属一个工作簿）。当链接中的源数据发生变化时，Excel 还可以更新所对应链接点中的数据。
>
> （1）同一工作簿中不同工作表之间的单元格引用：工作表标签!单元格或工作表标签!单元格区域。如职工表!E16。
>
> （2）不同工作簿中的工作表之间的单元格引用：'文件位置[文件簿名字]工作表标签'!单元格或'文件位置[文件簿名字]工作表标签'!单元格区域。如'E:\项目\项目 5\[职工表.xlsx]职工表'!E16。

3．公式的输入

单击要输入公式的单元格 J3，在单元格或编辑中输入等号"="

（1）在=号的右边输入操作数全是单元格数值的计算表达式 925+690；

（2）在=号右边，操作数是单击计算表达式所含数据所在的单元格或输入单元格名称，即 G3+I3，按 Enter 键。可使用公式的自动填充，如图 5-60 所示。

> 如果单元格的内容是通过计算得来，则单元格中显示的是计算结果，编辑栏中显示的是计算表达式。

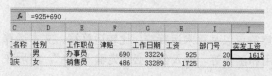

图 5-60　公式的输入

二、使用函数

函数是 Excel 根据各种需要，预先设计好的运算公式，可节省输入表达式。

1．5 种常用函数分别如下

（1）求和函数 SUM：返回参数区域中所有数值之和。

语法：SUM(number1,number2, ...)

number1，number2, ...为 1～255 个需要求和的参数区域。

（2）平均值函数 AVERAGE：返回参数区域中所有数值的平均值（算术平均值）。

（3）计数函数 COUNT：返回参数区域中包含数字的单元格的个数。

（4）最大值函数 MAX：返回参数区域中值最大的单元格数值。

（5）最小值函数 MIN：返回参数区域中值最小的单元格数值。

2．函数的组成

每个函数都包含三个部份：函数名称、自变量和小括号。

以汇总函数 SUM 为例说明：

SUM 即是函数名称，从函数名称可大略得知函数的功能、用途。

小括号用来括住自变量，有些函数虽没有自变量，但小括号不可以省略。

函数的自变量不仅只有数字类型而已，也可以是文字或以下 3 种类别：

- 单元格地址：如 SUM (B1,C3)，"，"表示前后的单元格地址是不连续的，即是要计算 B1 单元格的值+C3 单元格的值。

- 范围：如 SUM (A1:A4)，":"表示左右的单元格地址是连续区域的左上角和右下角单元格地址，即是要汇总 Al:A4 范围的值。

- 函数嵌套：如 SQRT (SUM(B1:B4))即是先求出 B1:B4 的总和后，再开平方根的结果。

3．具体操作

（1）选取存放计算结果的单元格，并在单元格或编辑中输入"="。

（2）接着选择函数，有 3 种方法：

- "开始"选项卡的"编辑"组的 Σ 自动求和 ▾ 右侧的下拉钮，在列表中选取函数。

- "公式"选项卡的"函数库"组中的 Σ 按钮，在列表中选取函数。

- 编辑栏上的 SUM ▾ × ✔ fx =，用插入函数按钮 fx 或 SUM ▾ 函数列表，选取函数。

（3）进一步设定参加计算的函数自变量，打开"函数参数"对话框，单击自变量栏右侧的展开按钮 ，在框中输入自变量范围或在工作表中选择自变量范围，如图 5-61 所示。

图 5-61　函数的使用

再次单击自变量栏右侧的"展开"按钮 ，展开"函数自变量"对话框，单击"确定"按钮。

任务实施

启动 Excel 2010，打开"E:\项目\项目 5\职工表.xlsx"工作簿。

一、工作表操作

1．插入工作表

单击工作表标签右边的 按钮，插入新的工作表。

2．复制工作表

步骤 1：单击"职工表"工作表标签，切换到"职工表"工作表。

步骤 2：单击该工作表区左上角行与列交叉处的"全选"按钮，全选工作表，在选中的区域上单击鼠标右键，在弹出的快捷菜单中选择"复制"命令。

步骤 3：切换到新插入的工作表，单击该工作表的 A1 单元格，在选中的区域上单击鼠标右键，在弹出的快捷菜单中选择"粘贴选项"中的"粘贴"。

3．重命名工作表

步骤 1：双击新插入的工作表标签，进入编辑状态。

步骤 2：输入新工作表名称"计算表"，按 Enter 键。

二、编辑工作表"计算表"

输入单元格内容。

步骤 1：单击 J2 单元格，输入文字"报刊费"。

步骤 2：单击 K2 单元格，输入文字"实发工资"。

三、公式与函数

1．设置女职工的报刊费为 100，男职工的报刊费为 80

步骤 1：单击"报刊费"列中的第一个要计算的单元格 J3。

步骤 2：单击编辑栏上的 按钮，在弹出的"插入函数"对话框中选择函数 IF，单击"确定"按钮。

步骤 3：在弹出的"函数参数"中设置条件和相应的数值，如图 5-62 所示，单击"确定"按钮。

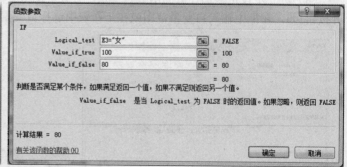

图 5-62　IF 函数计算

步骤 4：鼠标移到 J3 单元格右下角的填充柄上，此时光标变成"+"号，按住鼠标向下拖动，直到 J16 单元格后释放鼠标左键。

2．计算所有人员的实发工资

步骤 1：单击"实发工资"列中的第一个要计算的单元格 K3。

步骤 2：直接输入"=G3+I3+J3"，按 Enter 键，如图 5-63 所示。

步骤 3：鼠标移到 K3 单元格右下角的填充柄上，此时光标变成"+"号，按住鼠标向下拖动，直到 K16 单元格后释放鼠标左键。

3．在所有人员下面的行中，计算津贴、工资、报刊费和实发工资的最高值

步骤 1：单击"津贴"下面的单元格 G17。

步骤 2：单击"开始"→"编辑"→"自动求和" Σ 自动求和 · 按钮，在列表中选择"最大值"，鼠标选择调整参数范围，如图 5-64 所示，按 Enter 键。

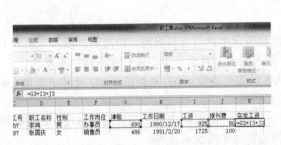

图 5-63　公式计算

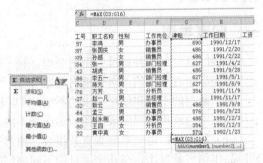

图 5-64　最大值函数

步骤 3：鼠标移到 G17 单元格右下角的填充柄上，此时光标变成"+"号，按住鼠标向右拖动，直到 K17 单元格后释放鼠标左键。

步骤 4：清除单元格 H17 的数据。单击单元格 H17，按 Delete 键；或在选中的区域上单击鼠标右键，在弹出的快捷菜单中选择"清除内容"命令。

4．计算实发工资超过 3000 元（含）的职工人数

步骤 1：单击"实发工资"下面的单元格 K18。

步骤 2：单击"开始"→"编辑"→"自动求和" 按钮，在列表中选择"其他函数"，弹出"插入函数"对话框。

步骤 3：在弹出的"插入函数"对话框中，选择"或选择类别"为"全部"。然后在下面的"选择函数"列表中选择"COUNTIF"。弹出"函数参数"对话框。

步骤 4：在弹出的"函数参数"对话框中，鼠标选择调整"引用"参数范围"K3:K16"，在"任意"条件框中输入条件">=3000"。按 Enter 键。

5．按实发工资降序排序，计算各职工的实发工资排名

步骤 1：单击"实发工资"右侧的 L2 单元格，输入"实发工资排名"。

步骤 2：单击"实发工资排名"下面的 L3 单元格。

步骤 3：单击"开始"→"编辑"→"自动求和" 按钮，在列表中选择"其他函数"，弹出"插入函数"对话框。

步骤 4：在弹出的"插入函数"对话框中，选择"或选择类别"为"全部"。然后在下面的"选择函数"列表中选择"RANK"。弹出"函数参数"对话框。

步骤 5：在弹出的"函数参数"对话框中，"数值"框中输入 K3，"引用"框中输入 "$K$3:$K$16"，"逻辑值"框中输入" 0"。按 Enter 键。

步骤 6：将鼠标指针移动到 L3 单元格的右下角，当鼠标指针变成黑十字箭头时，按住鼠标左键向下拖动到 L16 单元格，然后放开鼠标，即可计算出其他职工实发工资的排名。

任务五 制作图表

Excel 图表可以将数据图形化，更直观的显示数据，使数据的比较或趋势变得一目了然。

相关知识

一、图表类型

Excel 提供了 11 种标准的图表类型，每一种都包含多种组合和变换。切换到"插入"选项卡上"图表"组右下角的"对话框启动器"，在"插入图表"对话框中即可看到不同的图表。

根据数据的不同和使用要求的不同，可以从各种图表类型（如柱形图或饼图）及其子类型（如三维图表中的堆积柱形图或饼图）中选择不同的图表。

（1）柱形图：由一系列垂直条组成，通常用于比较一段时间中多个项目的相对尺寸，例如不同产品年销售量对比、在几个项目中不同部门的经费分配情况对比等。

（2）折线图：用于显示数据随时间变化的趋势。

（3）饼图：用于显示每个值占总值的比例，整个饼代表总和，每一个组成的值由扇形代表，如不同产品的销售量占总销售量的百分比等。

（4）条形图：由一系列水平条组成，使得对于时间轴上的某一点，两（多）个项目的相对尺寸具有可比性。条形图中的每一条在工作表中是一个单独的数据点或数。它与柱形图可以互换使用。

（5）面积图：显示一段时间内变动的幅值，以便突出几组数据间的差异。

（6）散点图：也称为 XY 图，用于比较成对的数值以及他们所代表的趋势之间的关系。散点图的重要作用是可以用来绘制函数曲线，从简单的三角函数、指数函数、对数函数到更复杂的混合型函数，都可以准确地绘制出曲线，在教学、科学领域经常用到它。

（7）其他图表：包括股价图、曲面图、圆环图、气泡图或雷达图等图表。

二、图表组成

一般地，图表包括图表区、图表标题、绘图区、图例、数据系列、数据标签等。但不同类型的图表组成上稍微有些不同。

以消费者对 MP5 功能需求数据创建"簇状条形图"为例，如图 5-65 所示。

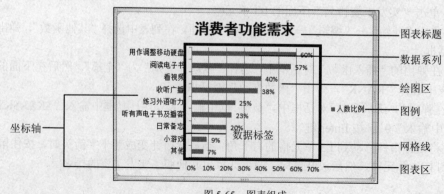

图 5-65 图表组成

三、创建图表

创建图表的方法如下。

（1）选择图表类型和子图表的类型。

（2）选择制作图表的数据源，一般使用 Ctrl 键选择连续或不连续的多个区域作为数据源。

 提示

选择列作为数据源，最好将列标题一起选中，它们会用于坐标轴或图示的文字显示。

（3）确定系列产生在"行"，还是"列"。图表中的每个数据系列具有唯一的颜色或图案，并且在图表的图例中表示，可以在图表中绘制一个或多个数据系列。

四、编辑图表

插入图表后，功能区会出现"图表工具 设计"、"图表工具 布局"和"图表工具 格式"3个选项卡，如图 5-66、图 5-67 和图 5-68 所示，可以分别对图表的具体细节进行设置、修改和美化。

"图表工具 布局"选项卡主要用来添加或取消图表的组成元素。

图 5-66　"图表工具 设计"选项卡

图 5-67　"图表工具 布局"选项卡

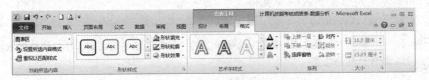

图 5-68　"图表工具 格式"选项卡

五、美化图表

利用"图表工具 格式"选项卡可以分别对图表的图表区、绘图区、标题、坐标轴、图例项、数据系列等组成元素进行格式设置。如设置填充颜色、边框颜色和字体等。

还可以右击选中的组成元素，在弹出的快捷菜单中选择"设置××××格式"命令，然后在"设置××××格式"对话框中进行设置（××××随选中对角改变）。

任务实施

启动 Excel2010，打开"E:\项目\项目 5\职工表.xlsx"工作簿，切换到"计算表"工作表。利用"计算表"中李鸿的津贴、工资、报刊费和实发工资数据，创建分离型三维饼图。

一、工作表操作

步骤1：单击所有工作表标签右边的"插入工作表"按钮，插入一个新工作表，并重命名这个工作表为"图表"。

步骤2：单击"计算表"工作表标签，选择 A1:K16，在选中的区域上单击鼠标右键，在快捷菜单中选择"复制"命令。

步骤3：单击"图表"工作表的单元格 A1，在选中的区域上单击鼠标右键，在快捷菜单中选择"粘贴选项"的"粘贴"命令。

二、创建图表

步骤1：切换到"图表"工作表，按住 Ctrl 键，用鼠标拖动选中需要的列标题和李鸿的数据区域 D2:D3、G2:G3、I2:K3，如图 5-69 所示。

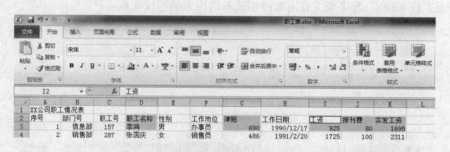

图 5-69　选择数据区域

步骤2：单击"插入"→"图表"→"饼图"按钮，在列表中选择"分离型三维饼图"命令，如图 5-70 所示。在工作表中就出现了一个分离型三维饼图（如图 5-71 所示）。

步骤3：移动图表位置到 A1:G32 区域。单击图表区外框，鼠标指针变成四角箭头状，用鼠标拖动图表，将其左上角放置于 A17 单元格。

提示　　使用"图表工具 布局"选项卡上的"标签"组中的按钮，可以调整图表标题、图例、数据标签的位置。

步骤4：调整图表大小。若图表大小未满或超出 A17:G32 区域，则单击图表，鼠标放在图表区的右边界上，鼠标指针形状变成双箭头时，拖动鼠标到 G32 单元格的右边区域；鼠标放在图表区的下边界上，鼠标指针形状变成双箭头时，拖动鼠标到 G32 单元格的下边，如图 5-71 所示。

或者单击"图表工具 格式"→"大小"组的"高度"框和"宽度"框输入具体数值。

步骤5：更改图表类型。单击"图表工具 设计"选项卡→"类型"→"更改图表类型"按钮；或者在选中的区域上单击鼠标右键，在弹出的快捷菜单中选择"更改图表类型"命令，在列表中选择"饼图"下的"三维饼图"，如图 5-72 所示。

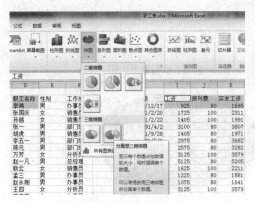

图 5-70　选中不连续的数据来源区域后插入饼图

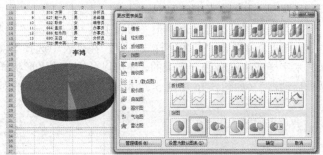

图 5-71　生成的对比李鸿 4 个数据的分离型三维饼图

图 5-72　更改图表类型

步骤 6：修改标题。单击选中图表标题"李鸿"，再次单击进入编辑状态，修改标题为"李鸿工资明细对比图"，如图 5-73 所示。

步骤 7：添加数据标签并设置数据标签格式。单击"图表工具 设计"→"图表布局"组，在列表中选择具体的布局"布局 2"，则在图表中出现百分比的数据标签，且图例在图表区的上方，呈水平显示，如图 5-74 所示。

或者单击图表的绘图区中的数据系列，在选中的区域上单击鼠标右键，在快捷菜单中选择"添加数据标签"，则绘图区中的数据系列添加了数据标签。

步骤 8：设置数据标签格式。单击图表的绘图区中的数据系列，在选中的区域上单击鼠标右键，在快捷菜单中选择"设置数据标签格式"，选择"标签选项"进行设置，如图 5-75 所示。

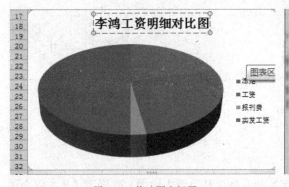

图 5-73　修改图表标题

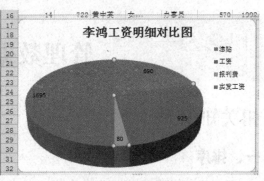

图 5-74　添加数据标签

图 5-75 设置数据标签格式

步骤9：美化图表组成元素。

（1）单击图表标题区，单击"图表工具 格式"→"形状样式"组，在列表中选择最后1列第4行的样式，并单击"艺术字样式"组，在列表中选择第4行第5列的样式。如果形状样式列表和艺术字样式中没有符合要求的，还可以分别单击"形状样式"组和"艺术字样式"右下角的"对话框启动器"（如图 5-76 和图 5-77 所示），然后在弹出的对话框中进行设置。

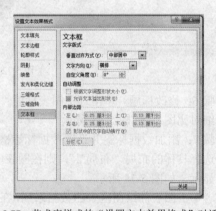

图 5-76 形状样式的"设置××××区格式"对话框　　图 5-77 艺术字样式的"设置文本效果格式"对话框

（2）分别单击图表的其他组成元素区域，在选中的区域上单击鼠标右键，在弹出的快捷菜单中选择"设置××××区域格式"，在弹出的对话框里面进行设置。

任务六　管理数据

相关知识

一、排序

排序是将数据区域按照指定的某列（关键字）的升序（从小到大递增）或降序（从大到小递减）为依据，重新排列数据行的顺序。

1．排序关键字的顺序

（1）数字：参照数学中的数字比较大小的方法。

（2）日期：先发生的日期小于在其后的日期。先比较年，年相同的再比较月，月相同的再比较日。

（3）文本：汉字以拼音字母的递增顺序为升序，先比较第 1 个字母，相同则比较第 2 个字母，以此类型。如"张"、"卢"、"李"和"刘"字的拼音分别为"zhang"、"lu"、"li"和"liu"，故升序为"李、刘、卢、张"。

（4）优先级：由低到高为无字符、空格、数字、文本字符。

2．列标题

一般地，在选取排序的区域时会将列标题行也选入，以便于排序时在"排序"对话框中的"数据包含标题"处可以勾选 ☑ 数据包含标题(H) 以使关键字的下拉列表中可以将数据区域第一行作为选项列出。

若没有标题行，则在选择关键字时，只能看到如图 5-78 所示的"列 A"、"列 B"这样的选项。

图 5-78 无标题行的关键字下拉列表

3．排序操作

（1）单一关键字排序

利用"开始"→"编辑"→"排序和筛选"按钮的下拉列表中的" 升序"或" 降序"命令。也可以单击"数据"→"排序和筛选"→"升序 "或"降序 "按钮实现。

（2）多个关键字排序

选择"开始"→"编辑"→"排序和筛选"按钮的下拉列表中的"自定义排序"命令或者"数据"→"排序和筛选"→"排序"按钮，在弹出的"排序"对话框（如图 5-79 所示）中设置"主要关键字"、"次要关键字"和更多的"次要关键字"及顺序来实现。

图 5-79 "排序"对话框

有多个排序关键字时，先按主要关键字的指定顺序排序，若这个关键字没有相同的值，则后面的关键字都不起作用。

若这个关键字有相同的值，则以次要关键字的指定顺序排序。

若主要和次要关键字都相同，则以再次要关键字的指定顺序排序。

二、筛选

筛选，实际上是只显示符合筛选条件的行，而隐藏其余不符合条件的行。筛选完成后，保留行的行号呈蓝色。筛选可以分为自动筛选和高级筛选两种。

1．自动筛选。

它适用于同一列中的与、或关系和多列间的与关系的筛选，可实现升序排序、降序排序、按颜色排序、筛选该列中的某值或按自定义条件进行筛选，如图 5-98 所示。Excel 会根据应用筛选的列中的数据类型，自动变为"数字筛选"、"文本筛选"或"日期筛选"。

（1）启用自动筛选

将光标定住于要待筛选区域内任意单元格，选择"开始"→"编辑"→"排序和筛选"按钮，在列表中选择"筛选"命令，启用自动筛选。

在数据区域的列标题处出现可设置筛选条件的按钮▾，单击该按钮，打开列筛选器，在其中选择需要进行的操作。构造了筛选条件的列，其旁边的箭头按钮会变成▾。

也可以单击"数据"→"排序和筛选"→"筛选"命令，或按"Ctrl+Shift+L"组合键来启用自动筛选。

（2）设置筛选条件

如进行数字的筛选条件设置，可选择等于、不等于、大于、大于或等于、小于、小于或等于、介于、10 个最大的值（N 个最大或最小的项或百分比）、高于平均值、低于平均值或自定义筛选。

设置筛选条件有以下两点需要特别说明：

① 10 个最大的值：用于筛选最大或最小的 N 个项，或百分之 N，选择这个选项，打开如图 5-80 所示的"自动筛选前 10 个"对话框（如图 5-81 所示），可在其中设置进行筛选设置。

图 5-80　自动筛选的列筛选器　　　　　图 5-81　"自动筛选前 10 个"对话框

② 大部分的筛选条件，都要利用"自定义自动筛选方式"对话框来进行设置。

自定义的条件可以进行等于、不等于、大于、大于或等于、小于、小于或等于、开头是、开头不是、结尾是、结尾不是、包含、不包含等条件的设置。同一列若为 2 个条件，可利用"与"或"或"关系来连接。如筛选实发工资列中大于或等于 1500，"与"实发工资小于 3000 的数据，如图 5-82 所示。

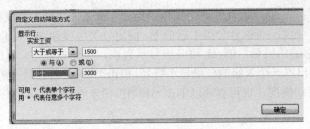

图 5-82 1500≤实发工资＜3000 的条件表示

2．高级筛选

高级筛选可以指定复杂条件，限制查询结果集中要包括的记录，常用于多列间"或"关系的筛选。

（1）启用高级筛选

单击"数据"→"排序和筛选"→"高级"按钮。

（2）设置筛选条件

高级筛选需要先在原始数据区域之外的单元格区域中输入筛选条件，条件必须包含所在列的列标题和条件表达式。书写条件时，若两（多）个条件写在同一行，表示两（多）个条件同时满足，即为"与"的关系；若写在不同行，则表示两（多）个条件任意满足一个，即"或"的关系，如图 5-83 所示。

图 5-83 筛选条件的构造

- 区域 A1:A3 表示工资大于 3000 或工资小于 1500。
- 区域 C1:D2 表示工资大于或等于 1500 且工资小于 3000。
- 区域 F1:G2 表示性别为男且工资大于 2000。
- 区域 I1:J3 表示性别为男或工资大于 2000。
- 区域 L1:M3 表示性别为男且工资大于 3000，或者性别为男且工资小于 1500。

（3）可将筛选的结果放置于原有数据区域或其他区域。若选择"在原有区域显示筛选结果"，则原数据区域中会将满足条件的数据行保留并以蓝色标识行标题，隐藏不满足条件的数据行；若选择"将筛选结果复制到其他位置"，则从选定的单元格开始将筛选结果排列出来。

 提示　　将结果复制到其他位置时，由于不知道结果会有多少行，因此通常选择数据的起始单元格，即结果区域最左上角的单元格，结果数据会自动向下向右扩展。

3．取消筛选

（1）取消自动筛选：再次单击"筛选"按钮，停用整张表的自动筛选，回复原始数据的状态；或者，单击"数据"→"排序和筛选"→"清除"按钮，清除某列的筛选效果。

（2）取消高级筛选：若结果复制到了其他位置，则直接将结果区域删除；若结果在原有数据区域显示，则可单击"数据"→"排序和筛选"→"清除"按钮回复原数据。

三、分类汇总

单击"数据"→"分级显示"→"分类汇总"按钮，可调用分类汇总，将通过为所选单元格区域自动插入小计和合计，汇总多个相关数据行。

（1）该命令是分类和汇总（统计）两个操作的集合，故需先按分类字段排序，将该字段中相同值的数据行排列到一起后，再执行分类汇总命令，确定分类字段和进行汇总字段及方式的设置。

（2）得到分类汇总的结果后，Excel 将分级显示列表、小计和合计，以便显示和隐藏明细数据行。工作表左上角会出现一个 3 级的分级显示符号，单击 1 2 3 按钮可以分别查看 1 级汇总情况、2 级汇总情况和 3 级明细情况。也可以通过单击 + 和 - 按钮来收拢或展开各级明细数据。

四、数据透视表

数据透视表是交互式报表，可以方便地排列和汇总复杂数据，并可进一步查看详细信息。可以将原表中某列的不同值作为查看的行或列，在行和列的交叉处体现另外一个列的数据汇总情况。

1．版面布局

数据透视表可以动态地改变版面布局，以便按照不同方式分析数据，也可以重新安排行标签、列标签和值字段及汇总方式，每一次改变版面布局，数据透视表会立即按照新的布局重新显示数据。

另外，如果原始数据发生更改，则可以更新数据透视表。

- 数值：用于显示需要汇总数值数据。
- 行标签：用于将字段显示为报表侧面的行。
- 列标签：用于将字段显示为报表顶部的列。
- 报表筛选：用于筛选整个报表。

2．数据透视表的使用

需注意以下操作：

（1）选择要分析的表或区域：既可以使用本工作簿中的表或区域，也可以使用外部数据源（其他文件）的数据。

（2）选择放置数据透视表的位置：既可以生成一张新工作表，并从该表 A1 单元格开始放置生成的数据透视表，也可以选择现有工作表的某单元格开始的位置来放置。

（3）设置数据透视表的字段布局：选择要添加到报表的字段，并在行标签、列标签、数值的列表框中拖动字段来修改字段的布局。

（4）修改数值汇总方式：一般数值自动默认汇总方式为求和，文本默认为计数，如需修改，可单击"数值"处的字段按钮，从弹出的快捷菜单中选择"值字段设置"命令，打开"值字段设置"对话框，在其中进行选择或修改。

（5）对数据透视表的结果进行筛选：对于上述设置完成的数据透视表，还可以单击行标签和列标签处的下拉按钮，打开筛选器，进行筛选设置。

任务实施

启动 Excel2010，打开"E:\项目\项目 5\职工表.xlsx"工作簿。

一、工作表操作

步骤 1：插入 5 个工作表，依次将工作表重命名为"排序"、"筛选"、"分类汇总"、"数据"和"数据透视表"。

步骤 2：切换到"计算表"工作表，选中单元格区域 A2:K16，在选中的区域上单击鼠标右键，在快捷菜单中选择"复制"命令。

步骤 3：切换到"排序"工作表，单击单元格 A1，在选中的区域上单击鼠标右键，在快捷菜单中选择"粘贴选项"中的"粘贴"命令。

步骤4：选中"排序"工作表中单元格区域工 A1:K15，在选中的区域上单击鼠标右键，在快捷菜单中选择"复制"命令。

步骤5：分别切换到"筛选"、"分类汇总"和"数据"工作表，单击 A1 单元格，在选中的区域上单击鼠标右键，在快捷菜单中选择"粘贴选项"中的"粘贴"命令。

二、排序

1. 单一关键字排序

以实发工资列数据降序排列。

步骤1：切换到"排序"工作表。单击"实发工资"列中数据区域的任意一个单元格。

步骤2：单击"开始"→"编辑"→"排序和筛选"按钮，在列表中选择"降序"命令。

步骤3：单击单元格 L1，输入"排名"，并在 L2 单元格中输入"1"。

步骤4：鼠标移到 L2 单元格右下角的填充柄上，此时鼠标指针形状变成"+"号，按住 Ctrl 键不放，并按住鼠标左键向下拖动，至目标单元格 L15 后释放鼠标左键。则 L2:L15（"排名"列）单元格数据为 1-14 的等差数列，也是排名顺序。

2. 多关键字排序

以部门号为主要关键字升序排列、实发工资为次要关键字降序排列。

步骤1：选中单元格区域 A1:K15。

步骤2：单击"开始"→"编辑"→"排序和筛选"按钮，在列表中选择"自定义排序"命令。

步骤3：在"排序"对话框中选择主要关键字"部门号"、排序依据"数值"、次序"升序"。

步骤4：单击"添加条件"，设置新出现的次要关键字"实发工资"、排序依据"数值"、次序"降序"。单击"确定"按钮，如图 5-84 所示。

图 5-84 排序

三、自动筛选

（1）同一列中的"与"关系。自动筛选工资大于或等于 1500 且工资小于 3000 的数据，如图 5-85 所示。

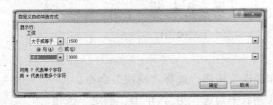
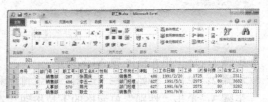

图 5-85 自动筛选工资大于或等于 1500 且工资小于 3000 的数据

步骤 1：切换到"筛选"工作表。选中单元格区域 A1:K15。

步骤 2：单击"开始"→"编辑"→"排序和筛选"按钮，在列表中选择"筛选"命令。

步骤 3：单击"工资"单元格的下拉按钮，在列表中选择"数字筛选"的"介于"命令，打开"自定义自动筛选方式"对话框。

步骤 4：在"自定义自动筛选方式"对话框中，分别下拉选择比较符，在右边框中输入比较数值，勾选"与"单选按钮。单击"确定"按钮。

（2）同一列中的"或"关系。自动筛选工资小于 1500 或工资大于 3000 的数据，如图 5-86 所示。

步骤 1：选中单元格区域 A1:K15。

步骤 2：单击"开始"→"编辑"→"排序和筛选"按钮，选择"筛选"命令。

步骤 3：单击"工资"单元格的下拉按钮，在列表中选择"数字筛选"的"介于"命令，在对话框"自定义自动筛选方式"中，分别下拉选择比较符，在右边框中输入比较数值，勾选"或"，然后单击"确定"按钮。

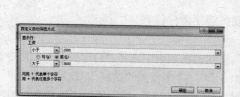
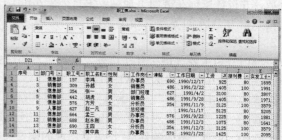

图 5-86　自动筛选工资小于 1500 或工资大于 3000 的数据

（3）不同列间的"与"关系。自动筛选性别为"男"、工资小于 1500 的行，如图 5-87 所示。

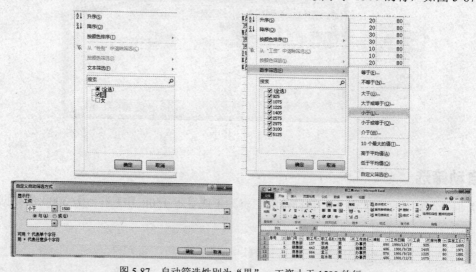

图 5-87　自动筛选性别为"男"、工资小于 1500 的行

步骤 1：选中单元格区域 A1:K15。

步骤 2：单击"开始"→"编辑"→"排序和筛选"按钮，选择"筛选"命令。

步骤 3：单击"性别"单元格的下拉按钮，在列表中勾选"男"，单击"确定"按钮。

步骤 4：继续单击"工资"单元格的下拉按钮，在列表中选择"数字筛选"的"小于"命令，在对话框"自定义自动筛选方式"下拉选择"小于"，在右边框中输入"1500"，然后单击"确定"按钮。

步骤 5：将自动筛选结果按工资值从大到小排序。单击"工资"单元格右边的 按钮，在列表中选择"降序"。

四、高级筛选

（1）不同列间的"或"关系。高级筛选工资小于 1500 或津贴大于 600 的数据，并将筛选结果置于原数据区域下方，如图 5-88 所示。

步骤 1：在第 1 行上方插入 3 行。选中 1~3 行，在选中的区域上单击鼠标右键，在弹出的快捷菜单中选择"插入"命令。

步骤 2：在 A1:B3 中构造筛选条件。

步骤 3：选中单元格区域 A4:K18。

步骤 4：单击"数据"→"排序和筛选"→"高级"按钮，在"高级筛选"对话框中勾选"将筛选结果复制到其他位置"，分别选择列表区域、条件区域。

步骤 5：单击"复制到"右边的"展开"按钮 ，回到工作表界面，单击单元格 A20，再单击"展开"按钮 ，回到对话框中，设置结果区域。

步骤 6：单击"确定"按钮。

图 5-88　高级筛选工资小于 1500 或津贴大于 600 的数据

（2）同一列的 3 个以上的"与"关系。高级筛选津贴大于 600 且工资大于 1500 且报刊费为 80 的数据，并将筛选结果置于原数据区域下方，如图 5-89 所示。

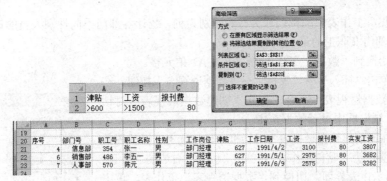

图 5-89　高级筛选津贴大于 600 且工资大于 1500 且报刊费为 80 的数据

步骤 1：在 1 行上方插入 2 行。选中 1~2 行，在选中的区域上单击鼠标右键，在弹出的快捷菜单中选择"插入"命令。

步骤 2：在 A1:C2 中构造筛选条件。

步骤 3：选中单元格区域 A3:K17。

步骤 4：单击"数据"→"排序和筛选"→"高级"按钮，在"高级筛选"对话框中勾选"将筛选结果复制到其他位置"，分别选择列表区域、条件区域。

步骤 5：单击"复制到"右边的"展开"按钮 ，回到工作表界面，单击单元格 A20，再单击"展开"按钮 ，回到对话框中，设置结果区域。

步骤 6：单击"确定"按钮。

五、分类汇总

分类汇总各部门的津贴、工资、实发工资的均值，并只查看 2 级，如图 5-90 所示。

步骤 1：切换到"分类汇总"工作表，按分类字段排序。单击"部门号"列的数据单元格，再单击"数据"→"排序和筛选"→"升序" 按钮。

步骤 2：单击数据区域的任意一个单元格。再单击"数据"→"分级显示"→"分类汇总"按钮。

步骤 3：在"分类汇总"对话框中，下拉选择分类字段为部门号，选择汇总方式为平均值，选定汇总项中勾选津贴、工资、实发工资，然后单击"确定"按钮。

步骤 4：单击分类汇总结果窗口的左上角的"2"级。

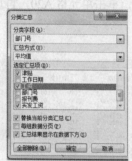

图 5-90 分类汇总各部门的津贴、工资、实发工资的均值并只查看 2 级数据

六、数据透视表

将以"数据"工作表中的部门号为行、性别为列，统计各部门不同性别人员的最高实发工资，并最终查看各部门女职工的最高实发工资。

步骤 1：切换到"数据"工作表中，单击 A1 单元格。

步骤 2：单击"插入"→"表格"→"数据透视表"按钮，在列表中选择"数据透视表"命令。打开"创建数据透视表"对话框，且"表/区域"框中显示数据范围。

步骤 3：在"创建数据透视表"对话框中，勾选"选择放置数据透视表的位置"为"现有工作表"，单击"位置"右边的"展开"按钮 ，回到工作表界面。切换到"数据透视表"工作表，单击该工作表的单元格 A1，再单击"位置"右边的"展开"按钮  回到对话框，如图 5-91 所示，单击"确定"按钮。在"数据透视表"工作表中插入一个数据透视表，如图 5-92 所示。

图 5-91 选择数据透视表的位置

步骤 4：在右侧的"数据透视表字段列表"对话框中，"选择要添加到报表中的字段"里勾选"部门"、"性别"和"实发工资"，透视表自动将 3 个字段排列，如图 5-93 所示。

步骤 5：查看右侧的"数据透视表字段列表"对话框中的"在以下区域间拖动字段"里面的行标签和列标签。如有不符，用鼠标从上方的"选择要添加到报表的字段"拖动"性别"字段按钮到"列标签"的列表框、"部门号"字段按钮到"行标签"中。如有重复的字段，则单击它，在列表中选择"删除字段"，如图 5-94 所示。

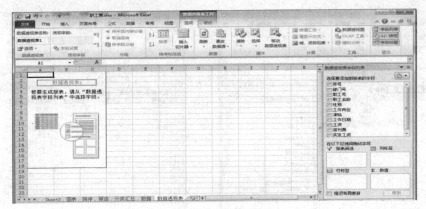

图 5-92　插入数据透视表

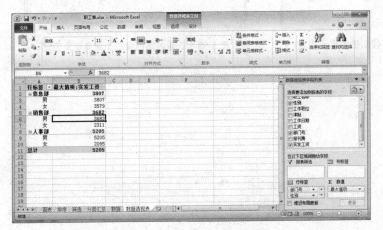

图 5-93　添加字段至数据透视表

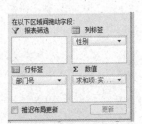

图 5-94　修改数据透视表布局

步骤 6：单击"求和项：实发工资"字段按钮，从弹出的快捷菜单中选择"值字段设置"命令，如图 5-95 所示，打开"值字段设置"对话框，在"值汇总方式"选项卡的"计算类型"列表框中选择"最大值"，如图 5-96 所示，单击"确定"按钮，得到数据透视表如图 5-97 所示。

图 5-95　数据透视表值字段设置

图 5-96　"值字段设置"对话框

步骤 7：单击"列标签"右侧的下列按钮，在其中只勾选"女"的选项，单击"确定"按钮，得到如图 5-98 所示的查看各部门女职工最高实发工资的透视结果。

图 5-97　设置行、列和值字段后的数据透视表

图 5-98　查看各部门女职工最高实发工资

项目引入

演示文稿文档用途广泛，常用于工作汇报、员工培训、企业宣传、产品介绍、项目展示等领域。PowerPoint 是一种常见制作演示文稿的软件。

学习使用 PowerPoint2010 软件，创建演示文稿，并在演示文稿中设置各种引人入胜的视觉、听觉效果。

学习目标

- 了解演示文稿基本概念
- 掌握幻灯片基本操作
- 掌握幻灯片基本制作
- 掌握修饰演示文稿
- 掌握演示文稿放映设计
- 了解演示文稿的打包和打印

 任务一 **制作和修饰幻灯片**

相关知识

一、演示文稿

演示文稿是一个利用 PowerPoint 做出来的文件。

演示文稿中的每一页就叫幻灯片，每张幻灯片都是演示文稿中既相互独立又相互联系的内容。利用它可以更生动直观地表达内容，图表和文字都能够清晰、快速地呈现出来。

每张幻灯片一般包括幻灯片标题和若干文本条目，还可以插入图画、动画、备注和讲义等丰富的内容。

如果演示文稿由多张幻灯片组成，通常第一张幻灯片单独显示演示文稿的主标题和副标题，其他幻灯片分别显示子标题和文本条目。

二、PowerPoint 2010 的工作界面

其窗口由标题栏、菜单栏、工具栏、幻灯片/大纲窗格、幻灯片编辑区、备注栏等部分组成，如图 6-1 所示。

由于同为 Microsoft Office 系列软件，PowerPoint 2010 的窗口与 Word 2010 以及 Excel 2010 工作窗口基本相同，所不同的是它的工作窗口分为 3 个部分。

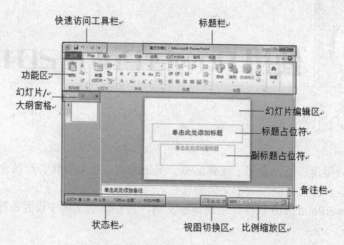

图 6-1　PowerPoint 2010 的窗口组成

三、PowerPoint 2010 的视图

PowerPoint 2010 中可用于编辑、打印和放映演示文稿的视图有普通视图、幻灯片浏览视图、备注页视图、阅读视图、母版视图和幻灯片放映视图（包括演示者视图）。

1．用于编辑演示文稿的视图

（1）普通视图

它是主要的编辑视图，可用于撰写和设计演示文稿，如图 6-2 所示。普通视图有 4 个工作区域。

①"大纲"选项卡。此区域是开始撰写内容的理想场所。在这里，可以捕获灵感，计划如何表述它们，并能移动幻灯片和文本。"大纲"选项卡以大纲形式显示幻灯片文本。

②"幻灯片"选项卡。在编辑时以缩略图大小的图像在演示文稿中观看幻灯片。使用缩略图能方便地遍历演示文稿，并观看任何设计更改的效果。在这里还可以轻松地重新排列、添加或删除幻灯片。

③"幻灯片"窗格。在 PowerPoint 窗口的右上方，"幻灯片"窗格显示当前幻灯片的大视图。在此视图中显示当前幻灯片时，可以添加文本，插入图片、表格、SmartArt 图形、图表、图形对象、文本框、电影、声音、超链接和动画。

图 6-2　幻灯片普通视图

④"备注"窗格。在"幻灯片"窗格下的"备注"窗格中，可以键入要应用于当前幻灯片的备注。以后，可以将备注打印出来并在放映演示文稿时进行参考。还可以将打印好的备注分发给受众，或者将备注包括在发送给受众或发布在网页上的演示文稿中。

（2）幻灯片浏览视图

幻灯片浏览视图可查看缩略图形式的幻灯片。通过此视图，在创建演示文稿以及准备打印演示文稿时，将可以轻松地对演示文稿的顺序进行排列和组织，如图 6-3 所示。还可以在幻灯片浏览视图中添加节，并按不同的类别或节对幻灯片进行排序。

（3）备注页视图

以整页格式查看和使用备注。

（4）母版视图

母版视图包括幻灯片母版视图、讲义母版视图和备注母版视图。它们是存储有关演示文稿的信息的主要幻灯片，其中包括背景、颜色、字体、效果、占位符大小和位置，如图 6-4 所示。

使用母版视图的一个主要优点在于，在幻灯片母版、备注母版或讲义母版上，可以对与演示文稿关联的每个幻灯片、备注页或讲义的样式进行全局更改。

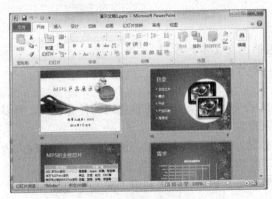

图 6-3 幻灯片浏览视图

图 6-4 幻灯片母版视图

2．用于放映演示文稿的视图

（1）幻灯片放映视图

幻灯片放映视图可用于向受众放映演示文稿。幻灯片放映视图会占据整个计算机屏幕，这与受众观看演示文稿时在大屏幕上显示的演示文稿完全一样，可以看到图形、计时、电影、动画效果和切换效果在实际演示中的具体效果。按 Esc 键，可退出幻灯片放映视图。

（2）演示者视图

演示者视图是一种可在演示期间使用的基于幻灯片放映的关键视图。借助两台监视器，可以运行其他程序并查看演示者备注，而这些是受众所无法看到的。若要使用演示者视图，请确保计算机具有多监视器功能，同时也要打开多监视器支持和演示者视图。

（3）阅读视图

阅读视图用于向用自己的计算机查看演示文稿的人员而非受众（例如，通过大屏幕）放映演示文稿。如果希望在一个设有简单控件以方便审阅的窗口中查看演示文稿，而不想使用全屏的幻灯片放映视图，则也可以在自己的计算机上使用阅读视图。如果要更改演示文稿，可随时从阅读视图切换至某个其他视图。

3．视图切换的方法

（1）单击"视图"→"演示文稿视图"组和"母版视图"组中的相应按钮，可进行视图的切换，如图 6-5 所示。

图 6-5　演示文稿的视图切换

（2）在 PowerPoint 窗口右下角有一个易用的栏，其中提供了各个主要视图（普通视图、幻灯片浏览视图、阅读视图和幻灯片放映视图），单击相应按钮可实现相应视图的切换。

四、幻灯片的版式

幻灯片版式包含要在幻灯片上显示的全部内容的格式设置、位置和占位符。版式也包含幻灯片的主题、字体、效果。

PowerPoint 中包含 9 种内置幻灯片版式（如图 6-6 所示），也可以设计母版来创建满足特定需求的自定义版式。

图 6-6　幻灯片版式

五、占位符

占位符是版式中的容器，可容纳如文本（包括正文文本、项目符号列表和标题）、表格、图表、SmartArt 图形、影片、声音、图片及剪贴画等内容，如图 6-7 所示。

在插入对象之前，占位符中是一些提示性的文字或小图标，单击占位符内的任意位置，将显示虚线框，用户可直接在框内输入文本内容或插入对象。

若希望在占位符以外的位置上输入文本，则必须先插入一个文本框，然后在文本框中输入内容，插入的文本框将随输入文本的增加而自动向下扩展。

若想在占位符以外的位置插入图片、艺术字等对象，则可以直接利用"插入"选项卡插入，然后利用鼠标调整位置。

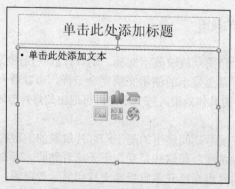

图 6-7　带有占位符的幻灯片

六、PowerPoint 2010 演示文稿的创建方法

一般情况下，启动 PowerPoint 2010 时会自动创建一个空白演示文稿，如图 6-1 所示。

在演示文稿窗口中，单击菜单"文件"按钮，在左侧窗格中选择"新建"菜单项，可以在右侧窗格的"可用模板和主题"列表中选择"空白演示文稿"、"最近打开的模板"、"样本模板"、"主题"等多种新建演示文稿的方法，如图 6-8 所示。

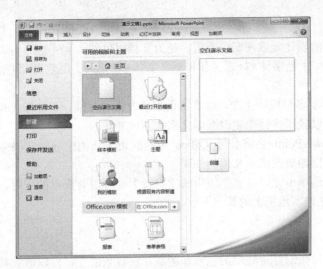

图 6-8 新建演示文稿

七、幻灯片操作

在创建演示文稿的过程中，可以调整幻灯片的先后顺序，也可以插入幻灯片或删除不需要的幻灯片，而这些操作若是在幻灯片浏览视图方式下进行，则非常方便和直观。

1．插入新幻灯片

默认情况下，新建空白演示文稿时只包含一张幻灯片，但通常演示文稿由多张幻灯片组成。通过以下 4 种方法，在当前演示文稿中添加新的幻灯片：

- 快捷键法。按"Ctrl+M"组合键，快速添加一张空白幻灯片。
- Enter 键法。将鼠标定在左侧幻灯片缩略图中相应位置，然后按 Enter 键，同样可以快速插入一张新的空白幻灯片。
- 命令法。单击"开始"→"幻灯片"→"新建幻灯片"按钮，也可以新增一张空白幻灯片。
- 快捷菜单法。将鼠标定在左侧幻灯片缩略图中相应位置，单击鼠标右键，在弹出的快捷菜单中选择"新建幻灯片"命令。

2．选定幻灯片

在幻灯片浏览视图方式下，单击某幻灯片可以选定该张幻灯片。选定某幻灯片后，按住 Shift 键的同时再单击另一张幻灯片，可选定连续的若干张幻灯片；按住 Ctrl 键依次单击各幻灯片，可选取不连续的若干张幻灯片。

3．复制、移动幻灯片

选中左侧幻灯片缩略图中要复制或移动的幻灯片，单击鼠标右键，在弹出的快捷菜单里选择"复制"或"剪切"命令，将光标定位到欲粘贴的位置页面间的空白处，单击鼠标右键，在弹出的菜单中选择"粘贴"命令即可。

复制、移动操作均可多选，按下 Ctrl 键然后单击选中想要复制的多张幻灯片，重复上面的操作即可。

4．删除幻灯片

选中左侧幻灯片缩略图中要删除的幻灯片，单击鼠标右键，在弹出的快捷菜单里选择"删除幻灯片"命令或者按 Delete 键就能将幻灯片删除。删除幻灯片操作同样可以批量操作。

八、主题

主题是一套统一的设计元素和配色方案，是为文档提供的一套完整的格式集合。包括主题颜色（配色方案的集合）、主题字体（标题字体和正文字体）和相关主题效果（包括线条和填充效果）。利用主题，可以统一文档风格。

PowerPoint 提供了多种设计主题，包含协调配色方案、背景、字体样式和占位符位置。使用预先设计的主题，可以轻松快捷地更改演示文稿的整体外观。

默认情况下，PowerPoint 会将普通 Office 主题应用于新的空演示文稿。但是，也可以通过应用不同的主题来轻松地更改演示文稿的外观。

如果在"设计"选项卡上"主题"组中的"内置"部分没有喜欢的主题，可单击列表下方的"浏览主题"选项，选择本地机上的其他主题。

九、背景

幻灯片的背景是每张幻灯片底层的色彩和图案，在背景之上，可以放置其他的图片或对象。利用"背景"对话框（如图 6-9 所示）可以调整幻灯片背景，用以改变整张或所有幻灯片的视觉效果，使演示文稿独具特色。

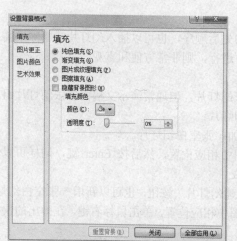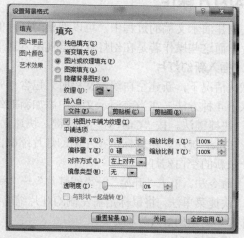

图 6-9 "背景"对话框

十、幻灯片母版

幻灯片母版是模板的一部分，存储有关演示文稿的主题和幻灯片版式的信息，包括背景、颜色、字体、效果、占位符的大小和位置。

幻灯片母版的修改和使用能对所有幻灯片进行统一的样式更改，给幻灯片的编辑工作带来方便。

创建和编辑幻灯片母版或相应版式是在"幻灯片母版"视图下操作。单击"视图"→"母版视图"→"幻灯片母版"按钮，进入"幻灯片母版"视图。

（1）幻灯片母版。在"幻灯片母版"视图左侧幻灯片缩略图窗格中的第 1 个母版（比其他母版大），在其中设置的内容和格式将影响当前演示文稿的所有幻灯片。

（2）幻灯片版式母版。在某个版式母版中进行的设置只影响使用了相应幻灯片版式的幻灯片。

任务实施

一、启动 PowerPoint，创建并保存空白演示文稿

单击任务栏上的 按钮，在弹出的"开始"菜单中选择"所有程序"→"Microsoft Office 2010"→"Microsoft PowerPoint 2010"，启动 PowerPoint 2010，打开演示文稿窗口。

二、保存

步骤 1：单击"快速访问工具栏"中的"保存"按钮。

步骤 2：在"另存为"对话框中设置"保存位置"为 E:\项目\项目 6、"文件名"为产品展示.pptx，单击"保存"按钮，如图 6-10 所示。

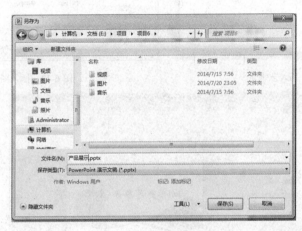

图 6-10 保存演示文稿

三、编辑幻灯片

1．制作封面幻灯片（第 1 张）

步骤 1：删除"单击此处添加标题"占位符，单击"插入"→"文本"→"艺术字"按钮，在弹出的下拉列表中选择第 4 行第 3 列的选项"渐变填充-黑色，轮廓-白色，外部阴影"，此时即可在幻灯片中插入一个艺术字文本框，如图 6-11 所示。

步骤 2：在"请在此放置您的文字"文本框中输入"MP5 产品展示"，单击"开始"→"字体"组设置文字字体为"方正舒体"，字号"60"。

步骤 3：单击"单击此处添加副标题"占位符，输入文字"报告人姓名：×××"，按 Enter 键，单击"插入"→"文本"→"日期和时间"按钮，在"日期和时间"对话框中选择"可用格式"为中文、年月日格式。

步骤 4：选中副标题占位符，单击"开始"→"段落"→"居中"≡按钮。

步骤 5：单击"插入"→"图像"→"图片"按钮，打开"插入图片"对话框。

步骤 6：在对话框中选择"E:\项目\项目 6\图片"的"背景 1"图片，如图 6-12 所示。单击"插入"按钮，将图片插入到幻灯片中。

步骤 7：重复步骤 4 和步骤 5，分别插入背景 2、背景 3、背景 4 图片。

步骤 8：选中背景 1 图片，在选中的区域上单击鼠标右键，在快捷菜单中选择"置于底层"中的"置于底层"。

步骤 9：分别选中艺术字、背景 2、背景 3、背景 4、副标题占位符，用鼠标移动到适当的位置。

步骤 10：单击"备注"窗格，定位光标。输入备注文字"此演示文稿主要用于舞台两侧的屏幕播放。"，如图 6-13 所示。

图 6-11　插入艺术字

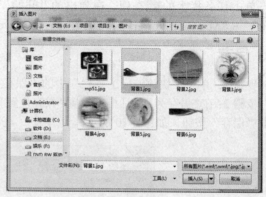

图 6-12　插入图片

图 6-13　封面幻灯片

2. 制作目录幻灯片（第 2 张）

步骤 1：单击"开始"→"幻灯片"→"新建幻灯片"按钮，在幻灯片版式列表中选择"标题和内容"版式，插入一张"标题和内容"版式的空白幻灯片。

> **提示**　对于已插入的幻灯片，可在"幻灯片/大纲"窗格的"幻灯片"选项卡中，双击该幻灯片，然后单击"开始"→"幻灯片"→"版式" 版式 按钮，在幻灯片版式列表中选择想修改的幻灯片版式。

步骤 2：在标题占位符中输入"目录"，单击"开始"→"字体"组、"段落"组设置字体"微软雅黑，44"和段落格式"文本左对齐"。

步骤 3：在文本占位符中输入如图 6-14 所示的 5 项主要内容"主控芯片↵需求↵升级↵产品功能↵推荐语"。

步骤 4：选中文本占位符的 5 项主要内容，单击"开始"→"字体"组、"段落"组设置字体

"微软雅黑，28"和段落格式"文本左对齐"。

步骤5：单击"开始"→"段落"→"项目符号" ≡· 按钮，在列表中选择"箭头项目符号"。单击"段落"组的"行距"按钮，在列表中勾选"1.5"。

步骤6：单击"插入"→"图像"→"图片"按钮，打开"插入图片"对话框。

步骤7：在对话框中选择"E:\项目\项目6\图片"的"mp51"图片（如图6-14所示）。单击"插入"按钮，将图片插入到幻灯片中。

步骤8：单击图片，单击"图片工具 格式"→"图片样式"组，在列表中选择"柔化边缘椭圆"。

步骤9：调整文本占位符和图片的大小和位置，如图6-14所示。

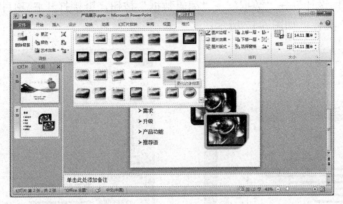

图6-14 目录幻灯片

3. 制作第3张幻灯片

步骤1：复制第2张幻灯片。在演示文稿左侧的缩略窗格中右键单击第2张幻灯片，从弹出的快捷菜单中选择"复制幻灯片"命令，在第2张幻灯片之后插入一张幻灯片的副本。

步骤2：单击标题占位符，修改标题为"MP5的主控芯片"。

步骤3：删除文本占位符和图片。单击"插入"→"表格"→"表格"按钮，拖动表格，插入5行2列表格。在表格中输入（如图6-15所示）文本。

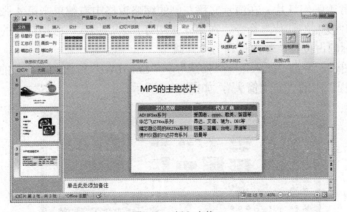

图6-15 插入表格

步骤4：双击表格，在"表格工具 设计"→"表格样式"列表中，选择"中度样式2-强调1"。单击"开始"→"字体"组设置字体"微软雅黑，24"。

步骤 5：选择表格第一行，单击"开始"→"段落"组设置"居中"，如图 6-15 所示。

4．制作第 4 张幻灯片

步骤 1：复制第 3 张幻灯片。在演示文稿左侧的缩略窗格中，右键单击第 3 张幻灯片，从弹出的快捷菜单中选择"复制幻灯片"命令，在第 3 张幻灯片之后插入一张幻灯片的副本。

步骤 2：单击标题占位符，修改标题为"需求"。

步骤 3：删除表格。打开"E:\项目\项目 6"中的"消费者功能需求.xlsx"文件，选中其中的图表，在选中的区域上单击鼠标右键，在弹出的快捷菜单中选择"复制"命令。

步骤 4：单击第 4 张幻灯片，在选中的区域上单击鼠标右键，在弹出的快捷菜单中选择"粘贴"命令，则在幻灯片中添加了图表（如图 6-16 所示。如果想对图表进行编辑和修改，可以单击图表，在"图表工具 设计"→"数据"→"编辑数据"按钮，链接打开 E:\项目\项目 6 中的"消费者功能需求.xlsx"文件，如图 6-17 所示。

图 6-16　插入图表

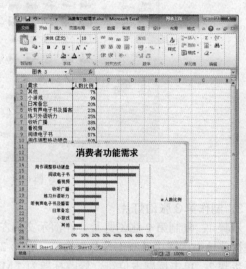
图 6-17　执行"编辑数据"

5．制作第 5 张幻灯片

步骤 1：复制第 4 张幻灯片。在演示文稿左侧的缩略窗格中右键单击第 4 张幻灯片，从弹出的快捷菜单中选择"复制幻灯片"命令，在第 4 张幻灯片之后插入一张幻灯片的副本。

步骤 2：单击标题占位符，修改标题为"升级"。

步骤 3：删除图表。单击"插入"→"插图"→"SmartArt"按钮，在打开的"选择 SmartArt 图形"中选择"流程"中的"向上箭头"，如图 6-18 所示。

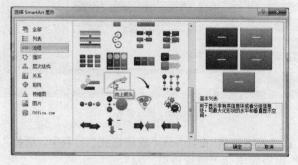
图 6-18　插入 SmartArt 图形

步骤 4：在"在此处键入文字"提示框中依次输入 mp3、mp4、mp5。

步骤 5：单击图形，在"SmartArt 工具 设计"→"SmartArt 样式"组的列表中选择"砖块场景"，如图 6-19 所示。

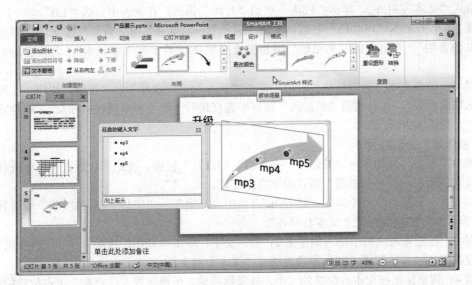

图 6-19　编辑和设置 SmartArt 图形样式

6．制作第 6 张幻灯片

步骤 1：复制第 2 张幻灯片。在演示文稿左侧的缩略窗格中右击第 2 张幻灯片，从弹出的快捷菜单中选择"复制幻灯片"命令，在第 2 张幻灯片之后插入一张幻灯片的副本。

步骤 2：在演示文稿左侧的缩略窗格中单击第 3 张幻灯片，按住鼠标左键将它拖动到第 5 张幻灯片的下面。

步骤 3：单击标题占位符，修改标题为"产品功能"。

步骤 4：删除图片。单击文本占位符，调整文本占位符的大小和位置，输入如图 6-20 所示的文字。

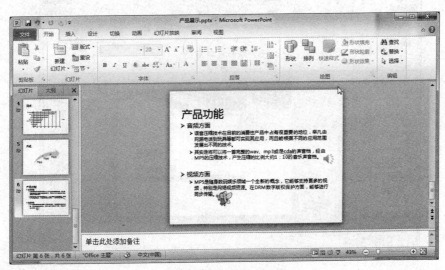

图 6-20　插入音频和视频

步骤 5：按住 Ctrl 键，选择文字"语音……声音档"和"MP5……同步传输"，单击"开始" → "段落" → "提高列表级别" ⁼ 按钮。

步骤 6：选中文本占位符，单击"开始" → "字体"组、"段落"组设置字体"微软雅黑，24"和段落格式"文本左对齐"，单击"段落"组的"行距"按钮，在列表中勾选"1.0"。

步骤 7：单击文本"声音档"右边，单击"插入" → "媒体" → "音频"按钮，在列表中选择"剪贴画音频"，在右侧的"剪贴画"窗格中选择第 2 行第 1 列"柔和乐"，调整它的大小和位置。

步骤 8：单击文本"同步传输"右边，单击"插入" → "媒体" → "视频"按钮，在列表中选择"剪贴画视频"，在右侧的"剪贴画"窗格中选择最后一个"手拿魔杖的仙女"，调整它的大小和位置，如图 6-20 所示。

7．制作第 7 张幻灯片

步骤 1：单击"开始" → "幻灯片" → "新建幻灯片"按钮，在幻灯片版式列表中选择"节标题"版式，插入一张"节标题"版式的空白幻灯片。

步骤 2：在标题占位符中输入"推荐语"，单击"开始" → "字体"组、"段落"组设置字体"微软雅黑，44"和段落格式"文本右对齐"。

步骤 3：在文本占位符中输入如图 6-21 所示文字。单击"开始"选项卡 → "字体"组、"段落"组设置字体"微软雅黑，28"和段落格式"文本右对齐"。

步骤 4：调整标题和文本占位符的大小，并鼠标移动、交换标题占位符和文本占位符的位置。

步骤 5：单击"插入" → "图像" → "图片"按钮，打开"插入图片"对话框。

步骤 6：在对话框中选择"E:\项目\项目 6\图片"的"背景 6"图片。单击"插入"按钮，将图片插入到幻灯片中。调整图片大小和位置。

步骤 7：选中"背景 6"图片，在选中的区域上单击鼠标右键，在快捷菜单中选择"置于底层"中的"置于底层"。

步骤 8：单击"插入" → "图像" → "图片"按钮，打开"插入图片"对话框。

步骤 9：在对话框中选择"E:\项目\项目 6\图片"的"背景 5"图片，单击"插入"按钮，将图片插入到幻灯片中。调整图片大小和位置，如图 6-21 所示。

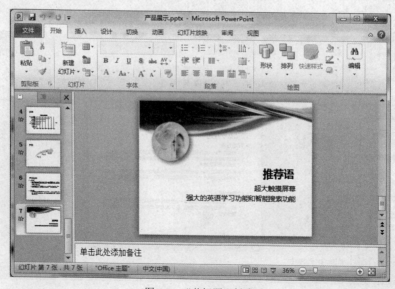

图 6-21 "节标题"版式

四、修饰幻灯片

1. 使用主题"冬季"

步骤 1：在"幻灯片/大纲"窗格的"幻灯片"选项卡中，单击第一张幻灯片。

步骤 2：单击"设计"→"主题"组右下角的"其他" ⬇ 按钮。

步骤 3：在打开的主题列表中，鼠标移到"来自 office.com"的"冬季"。

步骤 4：右键单击"冬季"主题，在弹出的快捷菜单中选择"应用于所有幻灯"（默认），对演示文稿中所有幻灯片有效。也可以选择"应用于选定幻灯片"，只对选定的第一张幻灯片作用，如图 6-22 所示。

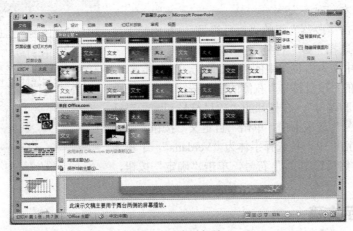

图 6-22 应用主题

2. 使用背景"样式 11"

步骤 1：单击"设计"→"背景"→"背景样式"右侧的下拉按钮。

步骤 2：在打开的背景列表中，鼠标移到"样式 11"。

步骤 3：在选中的区域上单击鼠标右键，在快捷菜单中选择"应用于所有幻灯"（默认），对演示文稿中所有幻灯片有效。也可以选择"应用于选定幻灯片"，只对选定的第一张幻灯片作用，如图 6-23 所示。

图 6-23 应用背景

3．创建幻灯片母版

步骤1：单击"视图"→"母版视图"→"幻灯片母版"按钮。左侧出现"编辑母版"窗格。

步骤2：在左侧窗格中单击第3张母版"由幻灯片2-6使用"。

步骤3：在右边的编辑区中，单击标题占位符，单击"开始"→"字体"组、"段落"组设置字体"微软雅黑，44"和段落格式"文本左对齐"，单击"段落"组的"行距"按钮，在列表中勾选"1.0"。

步骤4：在右边的编辑区中，单击文本占位符，选中"单击此处编辑母版文本样式"，单击"开始"→"字体"组、"段落"组设置字体"微软雅黑，24"和段落格式"文本左对齐"。

步骤5：单击"段落"组的"项目符号"，右侧的下拉按钮，在列表中选择"●"符号。

步骤6：选中文本占位符中的"第二级"，重复步骤4。单击"段落"组的"项目符号"右侧的下拉按钮，在列表中选择"项目符号和编号"，在打开的"项目符号和编号对话框"的"项目符号"选项卡中，单击"自定义"按钮，在弹出的"符号"对话框中下拉选择字体为"Verdana"，子集为"基本拉丁语"，然后选中"-"符号，单击"确定"按钮，如图6-24所示。

图6-24　自定义项目符号

五、保存演示文稿

单击"自定义快速访问"工具栏中的"保存"按钮。

六、退出 PowerPoint 2010

单击"开始"选项卡中的"退出"按钮。

任务二　演示文稿放映和打印

相关知识

一、自定义动画

自定义动画指的是在演示一张幻灯片时，随着演示的进展，逐步显示幻灯片的不同层次、不同对象的动画内容。

通过自定义动画，可以设置对象的动画效果的顺序、类型和持续时间，甚至声音效果，从而帮助演示者吸引观众的注意力、突出重点。

二、动画刷

PowerPoint 2010 有以前版本所没有的功能，那就是动画刷。它的使用方法类似于格式刷，只不过格式刷能复制文字的格式，而动画刷则能复制对象的动画效果。

三、幻灯片切换

幻灯片切换效果是在演示期间从一张幻灯片移到下一张幻灯片时在"幻灯片放映"视图中出现的动画效果。演示者可以控制切换效果的速度，添加声音，甚至还可以对切换效果的属性进行自定义。

四、创建超级链接

超级链接是指向特定位置或文件的一种连接方式，可以利用它指定跳转的位置，超级链接只有在幻灯片放映时才有效。超级链接功能可以创建在任何幻灯片的对象上，如文本、图形、图片、表格等对象；链接的目的地可以指向当前演示文稿中的特定幻灯片、其他演示文稿中特定的幻灯片、自定义放映、电子邮件地址、文件或 Web 页等。

PowerPoint2010 为用户提供了三种创建超级链接的方法，分别是插入超链接创建链接、动作设置创建链接、动作按钮创建链接。其中，动作设置创建链接、动作按钮创建链接所使用的对话框相同。

五、幻灯片放映

有两种形式：一种是直接启动幻灯片放映，放映整个演示文稿；另一种是自定义幻灯片放映，控制部分幻灯片放映，隐藏不需要观众浏览的信息。

1．幻灯片放映类型

（1）演讲者放映方式。这是最常用的放映方式，在放映过程中以全屏显示幻灯片。演讲者能控制幻灯片的放映，暂停演示文稿，添加会议细节，还可以录制旁白。

（2）观众自行浏览放映方式。此方式可以在标准窗口中放映幻灯片。在放映幻灯片时，可以拖动右侧的滚动条，或滚动鼠标上的滚轮来实现幻灯片的放映。

（3）在展台浏览放映方式。在展台浏览是 3 种放映类型中最简单的方式，这种方式将自动全屏放映幻灯片，并且循环放映演示文稿，在放映过程中，除了通过超链接或动作按钮来进行切换以外，其他的功能都不能使用，如果要停止放映，只能按 Esc 键来终止。

2．幻灯片放映方法

（1）按 F5 键。是放映幻灯片的最快方法。

（2）切换到"视图"选项卡，单击"演示文稿视图"组中的"阅读视图"按钮。

（3）切换到"幻灯片放映"选项卡，单击"开始放映幻灯片"组中的"从头开始"或"从当前幻灯片开始"按钮。

（4）单击屏幕右下端的"幻灯片放映"按钮（从当前的幻灯片开始放映）。

3．播放幻灯片时移动幻灯片

播放幻灯片时，需要在幻灯片之间进行移动：按 Home 键，可移至第一张幻灯片；按 End 键，可移至最后一张幻灯片；要提前结束幻灯片放映，按 Esc 键；在放映过程中按快捷键 F1，可以查看到提示演示文稿中操控方法的列表。更多的鼠标或键盘动作见表 6-1。

表 6-1　　　显示了在幻灯片之间移动或指向某一张幻灯片时鼠标和键盘动作

移到下一张幻灯片	移到上一张幻灯片
Enter	Back Space
→	←
↓	↑

续表

移到下一张幻灯片	移到上一张幻灯片
N	P
Page Down	Page Up
Space	右键单击（先关闭"右击的弹出式菜单"）
单击鼠标	

六、打印幻灯片或演示文稿讲义的打印设置

（1）设置"打印范围"。单击"打印全部幻灯片"右侧的下拉按钮，打开如图 6-25 所示的打印范围列表，根据需要选择相应选项。

（2）设置"打印版式"。单击"整页幻灯片"下拉按钮，在"打印版式"下可设置为"整页幻灯片"、"备注页"、"大纲"，如图 6-26 所示。

图 6-25　打印范围列表

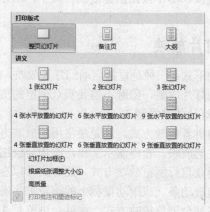

图 6-26　打印版式

（3）设置讲义打印格式。要以讲义格式在一页上打印一张或多张幻灯片，单击"整页幻灯片"下拉按钮，在"讲义"下单击每页所需的幻灯片数，以及希望按垂直还是水平顺序显示这些幻灯片。

（4）若要在幻灯片周围打印一个细边框，选择"幻灯片加框"。

（5）若要在为打印机选择的纸张上打印幻灯片，选择"根据纸张调整大小"

七、演示文稿的打包

利用"打包"功能将演示文稿（包括所有链接的文档和多媒体文件）及 PowerPoint 播放机程序压缩至硬盘或软盘上，以方便用户将演示文稿转移至其他电脑或未安装 PowerPoint 的电脑做幻灯片播放。

对打包的文档，只需进行"解包"即可使用，非常方便。

任务实施

一、打开演示文稿

步骤 1：单击菜单"文件"→"打开"命令，打开"打开"对话框。

步骤 2：在对话框中选择演示文稿位置和名字"E:\项目\项目 6\产品展示.pptx"，单击"打开"按钮，如图 6-27 所示。

图 6-27 打开演示文稿

二、设置幻灯片动画效果

1. 设置封面动画效果（第 1 张）

（1）设置图片动画效果

步骤 1：单击封面中的最大背景图片，单击"动画"→"动画"→"其他" <span>按钮，打开如图 6-28 所示的"动画样式"列表。

步骤 2：单击选中"动画样式"列表的"进入"中的"形状"效果。

提示　　Powerpoint 提供有对象进入、强调及退出的动画效果，此外还可设置动作路径，将对象动画按设定路径进行展现。

步骤 3：单击"动画"→"动画"→"效果选项"按钮，打开"效果选项"列表，从列表中选择方向为"缩小"。

步骤 4：设置动画速度。设置"动画"→"计时"中的"持续时间"为"2"秒。

步骤 5：选中最上面的圆形图片，单击"动画"→"动画"→"其他" <span>按钮，打开如图 6-28 所示的"动画样式"列表。

步骤 6：单击选中"动画样式"列表的"进入"中的"弹跳"效果。

步骤 7：设置动画速度。设置"动画"→"计时"中的"持续时间"为"1"秒。

步骤 8：单击步骤 5 和步骤 6 中的图片，再单击"动画"→"高级动画"→"动画刷" 📊动画刷 按钮，用动画刷刷过下面的两个圆形图片。

（2）设置标题艺术字动画效果

步骤 1：选中标题艺术字"MP5 产品展示"。

步骤 2：单击选中"动画样式"列表的"进入"中的"随机线条"效果。

步骤 3：单击"动画"→"动画"→"效果选项"按钮，打开"效果选项"列表，从列表中选择方向为"水平"。

步骤 4：设置动画速度。设置"动画"→"计时"中的"持续时间"为"2"秒。

（3）设置副标题文本动画效果

步骤 1：选中副标题文字。

步骤 2：单击选中"动画样式"列表的"进入"中的"飞入"效果。

步骤3：单击"动画"→"动画"→"效果选项"按钮，打开"效果选项"列表，从列表中选择方向为"自底部"，序列为"按段落"。

步骤4：设置动画速度。设置"动画"→"计时"中的"持续时间"为"0.5"秒。

（1）添加了动画效果的对象会出现"0"、"1"、"2"、"3"……编号，表示各对象动画播放的顺序。在设置了多个对象动画效果的幻灯片中，若想改变某个对象的动画在整个幻灯片中的播放顺序，可以选定该对象或对象前的编号，单击"动画窗格"中"重新排序"的两个按钮⬆和⬇来调整，同时对象前的编号会随着位置的变化而变化，在"重新排序"列表框中，所有对象始终按照"0"、"1"、"2"……或"1"、"2"、"3"……的编号排序。

（2）在设置动画效果的过程中，可以调整幻灯片中各对象的动画顺序。单击对象，在"绘图工具 格式"→"计时"组中，不断单击"向前移动"或"向后移动"。或者单击"动画"→"高级动画"→"动画窗格" 🔲动画窗格 按钮，打开如图6-29所示的"动画窗格"。在"动画窗格"中可以单击"播放"按钮以预览播放效果；鼠标拖动或者单击"排序"处的"⬆"和"⬇"调整对象播放顺序；单击幻灯片中的某个对象，动画窗格中弹出与所选动画相应的对话框，可以在"效果"、"计时"选项中，对所选的动画效果做更详细的设置。

（3）如需要设置其他进入动画效果，单击如图6-28所示的"动画样式"列表中的"更多进入效果"命令，打开如图6-30所示的"更多进入效果"对话框。单击"更多强调效果"命令，可打开如图6-31所示的"更多强调效果"对话框。单击"更多退出效果"命令，可打开如图6-32所示的"更多退出效果"对话框。单击"其他动作路径"命令，可打开如图6-33所示的"更多动作路径"对话框。

图6-28 "动画样式"列表

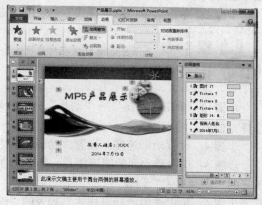

图6-29 封面幻灯片的动画窗格

图6-30 "更多进入效果"对话框

图6-31 "更多强调效果"对话框

图 6-32　"更多退出效果"对话框

图 6-33　"更多动作路径"对话框

2．设置其他幻灯片

重复封面幻灯片动画效果的设置操作过程。

三、设置幻灯片的切换效果

步骤 1：选中要添加切换效果的幻灯片，在选择单张、一组或不相邻的几张幻灯片时，可以分别用单击或单击配合使用 Shift 键和 Ctrl 键的方法进行选中，选中的幻灯片周围会出现边框。

步骤 2：单击"切换"→"切换到此幻灯片"→"其他" 按钮，在弹出的下拉列表中选择切换效果，如"闪光"、"百叶窗"和"旋转"等，如图 6-34 所示。

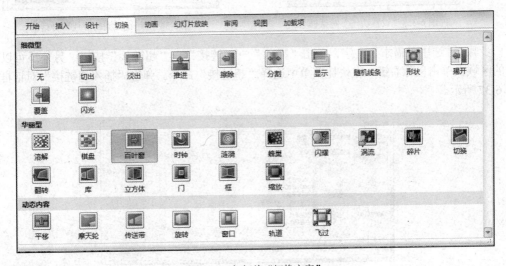

图 6-34　幻灯片"切换方案"

步骤 3：在"计时"组中的"声音" 下拉列表中选择声音类型或无声音来增加幻灯片切换的听觉效果；在"持续时间"列表中设置幻灯片切换时间，控制幻灯片切换速度。

步骤 4：在"计时"组的"换片方式"下，设定从一张幻灯片过渡到下一张幻灯片的方式是通过单击鼠标还是每隔一段时间后自动过渡，选择后者时需要输入幻灯片在屏幕上持续的时间长度。

步骤 5：将以上设置的幻灯片切换效果应用到所选幻灯片，或单击"计时"→"全部应用"按钮，将切换效果应用到所有幻灯片上。

步骤 6：单击"动画窗格"中的"播放"按钮，播放动画效果，或者切换到"动画"选项卡，单击"预览"→"预览"按钮预览动画效果。此外，还可以直接在幻灯片放映过程中看到动画效果。

四、创建超链接

步骤 1：在普通视图中，选定第 2 张幻灯片，即目录幻灯片"目录……"。

步骤 2：选中"主控芯片"文字，单击"插入"→"链接"→"动作"按钮，弹出"动作设置"对话框，选择"单击鼠标"选项卡。

步骤 3：选择动作"超链接到"下拉列表中的"幻灯片…"选项，如图 6-35 所示。弹出"超链接到幻灯片"对话框，在"幻灯片标题"列表框中选择"3. MP5 的主控芯片"，如图 6-36 所示，单击"确定"按钮。

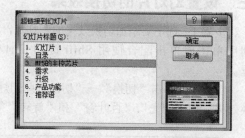

图 6-35 "设置动作"对话框　　　　　　　　　图 6-36 "超链接到幻灯片"对话框

步骤 4：选中"需求"文字，单击"插入"→"链接"→"超链接"按钮；另外还可以在选中的区域上单击鼠标右键，在快捷菜单中选择"超链接"命令。弹出"插入超链接"对话框，如图 6-37 所示。

图 6-37 "插入超链接"对话框

步骤 5：在左侧选择"链接到"下面的"本文档中的位置"选项，在中间"请选择文档中位置"列表中选择"幻灯片标题"为"4.需求"，如图 6-38 所示。单击"确定"按钮。

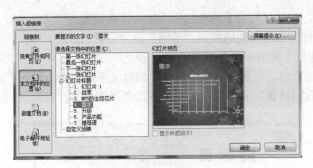

图 6-38 链接"本文档中的位置"选项

> **提示**
>
> 使用插入超链接方法创建链接时，链接的目标对象有 4 种选项：
>
> （1）现有文件或网页：通过选择文件，可以链接到不同演示文稿中的幻灯片、Web 页面或文件。
>
> （2）本文档中的位置：通过选择文档中的位置，可以链接到同一演示文稿中指定标题（或特定位置、书签)的幻灯片。
>
> （3）新建文档：可以在新建文档的同时，将链接目标设置为该新建的文档。
>
> （4）电子邮件地址。

步骤 6：重复步骤 2～步骤 5，设置其他文字的超链接。

步骤 7：选定第 3 张幻灯片，单击"插入"→"插图"→"形状"按钮，在弹出的下拉列表中选择"动作按钮"的"开始" ，在第 3 张幻灯片右下角绘制一个"开始"动作按钮。同时，弹出"动作设置"对话框。

步骤 8：参照步骤 3，在"动作设置"对话框中的"超链接到"选择"幻灯片……"选项，打开"超链接到幻灯片"对话框。

步骤 9：在"超链接到幻灯片"对话框，选择"幻灯片标题"为"2.目录"，单击"确定"按钮。效果如图 6-39 所示。

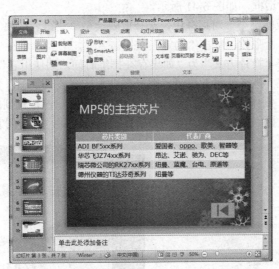

图 6-39 插入动作按钮

步骤 10：选定第 4 张幻灯片，单击"插入"选项卡→"插图"→"形状"按钮，在弹出的下拉列表中选择"棱台",在幻灯片右下角绘制一个棱台,并调整图形大小。

步骤 11:双击棱台,系统自动切换到"绘图工具 格式"选项卡,在"形状样式"组中选择第 3 行第 1 列选项"浅色 1 轮廓,彩色填充-黑色,深色"。

步骤 12:右键单击棱台,在快捷菜单中选择"编辑文字"命令,输入"返回目录"。

步骤 13:选中"返回目录"文本,设置文本格式"黑体、24、白",效果如图 6-40 所示。

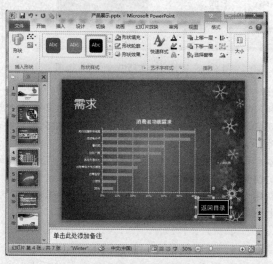

图 6-40 绘制自选图形链接

步骤 14:选中棱台,单击"插入"→"链接"→"超链接"按钮,弹出"插入超链接"对话框,在左侧的"链接到"列表中选择"本文档中的位置",在中间的"请选择文档中的位置"列表框中选择"幻灯片标题"为"2.目录"。单击"确定"按钮。

步骤 15:参照步骤 7~步骤 14,分别为后面其他的幻灯片设置相同的超链接"目录幻灯片"。

步骤 16:设置幻灯片放映方式。单击"幻灯片放映"→"设置"→"设置幻灯片放映"按钮,打开"设置放映类型"对话框,如图 6-41 所示。

步骤 17:在"设置放映类型"对话框中,选择放映类型"演讲者放映(全屏幕)"。还可以设定放映幻灯片的起始和终止张数。单击"确定"按钮。

步骤 18:如果想选择"换片方式"为"如果存在排练时间,则使用它",排练计时。单击"幻灯片放映"→"设置"→"排练计时"按钮,则屏幕进入排练放映状态,并且出现一个"录制"提示框,如图 6-42 所示。制作者可以利用单击的方式排练放映一遍,直到排练结束。再在"设置放映类型"对话框中,选择"换片方式"为"如果存在排练时间,则使用它"。

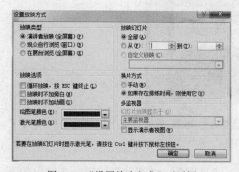

图 6-41 "设置放映方式"对话框

图 6-42 "排练计时"

五、演示文稿的打包

　　步骤 1：单击菜单"文件"选项卡的"保存并发送"命令，选择文件类型为"将演示文稿打包成 CD"，如图 6-43 所示。

　　步骤 2：在右侧窗口单击"打包成 CD"按钮，弹出的"打包成 CD"对话框（如图 6-44 所示）。

图 6-43　"将演示文稿打包成 CD"

　　步骤 3：在"打包成 CD"对话框中，将 CD 命名为"产品展示 CD"，并单击"复制到文件夹"按钮。弹出"复制到文件夹"对话框（如图 6-45 所示）。

　　步骤 4：在"复制到文件夹"对话框中，输入文件名字，单击"浏览"按钮，选择文件保存位置。单击"确定"按钮。

　　步骤 5：在弹出的提示对话框中，单击"是"按钮。则指定文件夹里面就生成了一个新文件夹"产品展示 CD"。

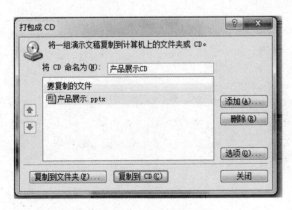

图 6-44　"打包成 CD"对话框

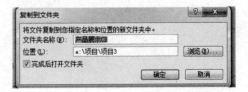

图 6-45　"复制到文件夹"对话框

参 考 文 献

［1］付金谋，黄爱梅，喻瑗. MS Office 考证一级上机指导. 西安：西安交通大学出版社. 2014.

［2］王竝. Windows 7+Office 2010 计算机应用基础教程（情境教学）. 北京：人民邮电出版社. 2013.

［3］梁冰，李亚，王茹. 新编计算机应用基础项目教程:Windows 7+Office 2010. 镇江：江苏大学出版社. 2013.

［4］付金谋. 计算机基础及上机指导. 北京：北京理工大学出版社. 2012.

［5］赖利君. 大学计算机应用基础（项目式）. 北京：人民邮电出版社. 2010